现代服装设计与制作工艺丛书

服装打板与推板技术

邵晨霞 编著

苏州大学出版社

图书在版编目(CIP)数据

服装打板与推板技术/邵晨霞编著. —苏州：苏州大学出版社，2008.12(2012.1重印)
(现代服装设计与制作工艺丛书)
ISBN 978-7-81137-183-3

Ⅰ.服… Ⅱ.邵… Ⅲ.①服装—设计②服装量裁 Ⅳ.TS941.2 TS941.631

中国版本图书馆CIP数据核字(2008)第197740号

服装打板与推板技术
邵晨霞 编著
责任编辑 许周鹣

苏州大学出版社出版发行
(地址：苏州市干将东路200号 邮编：215021)
扬中市印刷有限公司印装
(地址：江苏扬中科技园区东进大道6号 邮编：212212)

开本787mm×1 092mm 1/16 印张9.75 字数243千
2008年12月第1版 2012年1月第2次印刷
ISBN 978-7-81137-183-3 定价：22.00元

现代服装设计与制作工艺丛书

编　委　会

序

我国的高等服装教育是从20世纪80年代初开始的。当时为了适应改革开放后人们对服装的需求，中央工艺美术学院（现清华大学美术学院）、苏州丝绸工学院艺术学院（现苏州大学艺术学院）、华东纺织工学院（现东华大学）等高校先后创办了服装设计专业，开始招收服装设计本科生，为我国的服装业培养高层次的设计人才。20多年过去了，如今，服装专业在我国已经“遍地开花”，除了服装学院、艺术学院、美术学院、设计学院有服装设计专业外，一些工学院、农学院、材料学院、航空学院和各类职业技术学院也开设了服装设计和工程专业。当然，由于学院性质的不同，其定位与培养目标也各有侧重。

综观我国目前高等服装教育人才培养模式，大致有以下三种形式：(1) 培养服装设计师；(2) 培养服装工程管理人员；(3) 培养服装工艺技术人员。但不管哪种模式，在服装教育当中，教材建设都是非常重要的，这一点已经越来越成为大家的共识。一本好的教材，我以为应该具有观念新颖、视野开阔，内涵丰富、阐述清晰，深入浅出、图文并茂的特点。既有一定的理论高度，又有较强的实践意义。

最近，苏州大学出版社根据当下服装教育的需要，邀请部分高校经验丰富的专家学者，编写了“现代服装设计与制作工艺”系列丛书。丛书分为基础篇与专业篇两大部分。先期出版的是基础篇。

该套丛书注意学科的交叉，反映服装设计与工艺领域最新发展态势和研究成果，既强调培养学生的艺术感受和思维创新，又力求讲清楚基本原理、审美规律、设计和工艺制作方法。为配合相关知识点的传授，书中还加入了大量的应用实例，力求做到理论联系实际，便于学生理解与应用。

相信该套丛书能受到读者的欢迎。

是为序。

2008 年 9 月

前言

由于现代服装工业生产是以同一种产品的多规格批量生产来适应和满足不同身高、不同胖瘦和不同体型人的穿着需求的，因此在生产时必须制作出大小、肥瘦不同规格的成套样板。这种不同规格的成套样板是经科学地计算，正确合理地分配尺寸，通过服装工业样板的放缩而得到的。这种同一款式服装按照多种规格与号型系列的要求组织生产，从而满足不同条件消费者的需求，逐渐产生了一种多规格的制板方法——服装工业样板放缩方法，也称推板。

服装工业推板是与服装工业样板设计、服装工艺制作密切相关的整体，是制板工作的继续，是服装工业生产投产前的重要技术准备工作。服装成衣生产的首要条件是同一款式的服装能够满足不同消费者的要求。由于不同消费者的体型特征、年龄、身高等不同，就要求同一款式的服装制作不同的规格系列与号型系列板型。服装工业样板放缩就是指以中间规格标准模板为基础，兼顾各个规格系列与号型系列之间的关系，按照规定标准的档差进行科学计算、推移和放缩，绘制出多规格系列的成套样板，也称“推板”、“放缩”或“放码”。

运用服装推板技术不但能很好地把握各规格系列与号型系列变化的规律，使款型结构一致，而且有利于提高制板的速度和质量，使生产和质量管理更科学、更规范。服装工业推板是一项技术性、实践性很强的工作，是计算和经验的结合，要求在具备技术理论的基础上，熟练掌握制板中的放缩技巧与技能。

本书以5·4A号型系列尺寸为依据，结合服装结构设计原理，详尽、透彻地对服装基本纸样各个部位的放缩进行了分析，归纳总结了一套原理性强、适用性广、科学准确、易于学习掌握的纸样放缩方法。本书的打板与推板实例均为服装企业的生产板，在成衣制作中得到了检验与运用。

由于本人经验及水平有限，疏漏之处在所难免，恳请专家、同行技术人员批评指正，多提宝贵意见。

编　者

2008年11月

目录

第一章

服装工业样板概述

第一节　服装工业样板的概念及作用

一、服装工业样板的概念

现代成衣生产已经成为服装工业生产的主要方式。它要求批量生产的同一款式的服装,应有多种规格尺寸以满足不同体型穿着者的需求。这就需要按照国家技术标准规定的成套规格系列尺寸,依款式设计要求先绘制出一个标准的样板,试制一件样衣,经鉴定合格后,以样衣纸样的规格尺寸为基础,快速而科学地绘制出外型相同而尺寸稍有差异的不同规格的样板。这是进行批量生产成衣业务的一项专门技术,这项技术称为服装样板缩放,又称"放码"、"推档"、"推板"或"扩缩"等。比较精确的样板推板一般用净样进行,再根据样板推板得来的面料样板进行放缝份、配衬料样板、配里料样板、配工艺样板等,制出全套的工业生产样板,这个过程称为服装工业制板。也就是说服装工业制板是为服装批量生产提供一套工业纸样、样衣、样板、模具的全过程。

服装工业制板贯穿于服装工业生产的全过程,它是服装生产裁剪和缝制过程的技术依据,是衡量产品质量的直接标准。因此,服装工业样板在服装工业生产中起着重要的作用。企业制板技术水平的高低,体现着企业的生产水平和产品档次,直接影响产品的附加值和企业的经济效益。

二、服装工业样板的作用

1. 提高生产效率

服装工业样板作为服装工业生产的模板,应用于裁剪、缝制、后整理等各道工序中,对于提高生产效率发挥了巨大的作用。

2. 样品造型更准确

标准样板一经确立,在制作其他样板时容易变形,而使用服装工业样板缩放方法制作的样板误差小、保型性高,可达到形似神也似的效果。

3. 提高服装规格尺寸系列适合率

按照国家标准规格系列尺寸制定的样板具有科学性,覆盖率高,可适合 95% 的人群需求。

4. 质量控制更标准化

工业流水线上各道工序的生产执行统一的技术标准,可以有效地保证服装质量。

5. 提高面料利用率,降低生产成本

由于服装工业生产实行的是批量裁剪,利用服装工业样板进行不同规格的合理套排,可充分提高面料的利用率,降低生产成本,提高经济效益。

第二节　服装工业样板推板方法简介

目前,我国服装工业样板推板方法有人工样板推板方法和计算机辅助样板推板方法两大类,其中人工样板推板方法属于传统的手工技术方法,在几十年的实践应用过程中又产生了几种不同的推板方法,主要有推画法、推剪法和各地产生的其他方法。随着社会的发展及服装工业生产规模化、批量化、标准化的要求,计算机辅助样板推板法的应用也在服装工业生产中得到了广泛使用。

一、推画法

推画法又称"一图全号法",是以中间规格标准样板为基础,根据数学相似形原理,用坐标平行移动的方法,按照各个规格系列和规格系列档差,找准各个号型之间的规格档差点,用线条连接成图的方法,将全套纸样(所有规格样板)绘制在一张样板纸样上,经过检验、核对确定无误后,依次拓画并复制出各个规格或号型系列裁剪样板。这种方法操作简单、效率高,是目前我国服装工业推板制板中普遍采用的样板推板方法,并且推画法又分为"档差扩缩法"、"净样等分推画法"和"投影射线推画法"等多种方法。

二、推剪法

推剪法又称"摞剪法",即先将软纸定好一件小号型样板(一般以毛样板为标准母板),再把所需要推板的样板规格或号型样板依次剪成近似的轮廓,然后将全号型纸样摞在一起,小号在上、大号在下,一般由肩部开始,然后领口、袖窿、侧缝、底边依次按各个部位规格档差和分配要求逐边、逐段推剪出全套号型规格系列裁剪样板。推剪法的特点是速度较快,适用于款式多、变化快、小批量、多品种的样板推板。但是推剪法比较原始,操作较繁琐,技术要求较高(特别是剪刀工),需要有多年的熟练经验,对服装各部位的比例关系了如指掌,否则极易出现误差,个人经验在推剪法中起着重要的作用。

三、其他手工推板方法

1. 渐次法

渐次法曾流行于中原等地区,是以中间规格标准样板为基础,一次只扩缩一个相邻的规格号型,经校准正确后,再以该纸样板型为基础,缩放下一个相邻的号型,依此类推得到整套服装号型系列样板。这种方法比较灵活,但是推板的效率低,所以一般仅用于号型较少的服装样板扩缩。

2. 大小等分法

大小等分法,即在样板纸上先画出中间号标准纸样,然后分别扩、缩该规格系列中最大和最小号型的服装样板,再在最大和最小号型的缩放点之间连直线并确定相应的等分点,分别连接各等分点,形成不同型号的服装样板。这种方法的优点是便于控制特大或特小号型的样板形状,能够避免因样板扩缩中的误差造成样板变形。

3. 扎印法

扎印法曾流行于江南地区,即在制定样板的基础上,找准各部位之点,然后用锥子扎上印迹(平行移动扎印),扎一个放一个,逐次完成。

4. 切展法

样板扩缩实际上是裁剪样片各控制点的移位变化,最终达到型的统一,扩缩图形均是相似形,故可以用切展纸样原理扩缩纸样,一次完成样板扩缩。

四、计算机辅助样板推板法

计算机辅助样板推板法,即直接利用计算机来实现服装样板的扩大或缩小,从而完成绘制服装纸样的一种现代扩缩技术。利用计算机中安装的服装 CAD 系统(样片输入→样片修改→推档→排料→打印输出)进行推板,也就是把手工推板(扩缩)过程中建立的推板规格编成计算机程序,操作者输入一定指令和数据后,计算机自动计算并推画出各个规格的样板。其操作过程是先用数字化仪导入中间号型标准纸样,或由计算机打板模块制作出标准样板,再选用切开线推板或点放码推板方法并根据手工推板的原则输入数据,选择所要扩缩的号型规格,计算机即可自动计算并绘制出各个规格纸样。还可对利用服装 CAD 系统提供的各种测量工具,随时检验样板的正确与否。

利用计算机进行样板扩缩,能大幅度缩短样板扩缩的时间,提高劳动生产率,提高推板的精度,直观性强,准确率高。目前,国内外服装行业中正在推广这种方法。

第三节 服装工业制板的工具与材料

一、制板纸

1. 纸样纸

纸样纸用于样板制图，具有一定的强度和软度，既可折叠又可卷装，但不易变形。

2. 裱卡纸

裱卡纸用于小批量服装样板。该纸韧性较好，厚度适中，表面光洁。

3. 坐标纸

坐标纸用于服装工业样板扩缩中，用于确定坐标点。

4. 样板纸

样板纸具有一定的厚度和重量，呈黄色、白色，用于绘制基本样板。

二、制板工具

1. 直尺

直尺一般长度为 20cm、30cm、50cm 或 100cm。具有透明性的直尺最佳，用于绘制直线部位，如衣长线、袖长线等。

2. 直角三角板

直角三角板是三角形的尺子，其中有一个角是直角，另外两个角是锐角，主要利用三角板中的直角部分绘制侧缝线与下摆线的夹角，或结构线中有直角的部分。

3. 弧线尺

弧线尺是有曲线的塑料工具尺，用于绘制弧线部位，如袖窿弧线与领窝弧线。

4. 弯尺

弯尺一般用有机玻璃或木质制成，用于绘制服装结构线中较长距离的弧线。

5. 软尺

软尺，也叫皮尺，长 100cm，在其两端均有金属固定，是测量人体高度或人体弧线部位的制板工具。

6. 钢卷尺

钢卷尺一般在 200cm 左右，供检查核对样板时使用。

7. 铅笔

铅笔是绘图的专用工具，常用的号型有 2H、H、HB、B、2B，其中 H 型为硬型，B 型为软型，主要用于绘制服装款式上的各类结构线条。

8. 圆规

圆规是绘制曲线圆弧的工具，有两个脚，一个脚为定点，另一个画圆，可调节间距，主要用于绘制服装裙摆、褶边等部位。

9. 人台

人台是人体的模型，是检验样板的工具，人台上的缝线包括前后中心线、腰节线、肩线、领窝线、公主线等。

10. 锥子

锥子用于上下层定位、扎眼等。

三、切板工具

1. 大头针

大头针用于定位多层纸样。

2. 点线器

点线器，也叫描线器，通过齿轮在线迹上滚动来复制样板。

3. 打孔机

打孔机用在制成纸样的边缘处打对位孔。

4. 钉书器

钉书器用于样板制作中纸样间的订合。

5. 夹子

夹子用于固定多层样板。

6. 胶带

胶带用于包滚样板四周边缘，防止边缘磨损，以延长样板的使用寿命。

7. 图章

图章用于在样板上标明号型、货号及规格等。

8. 边章

凡经检查合格的样板，须在四周加盖边章，不可随意更改。

9. 剪刀

这是服装专用剪刀，一般有 9 英寸、11 英寸和 12 英寸等几种规格。由于纸样对剪刀的损伤大，所以剪切纸板和面料的剪刀不能混用。

剪刀

描线器

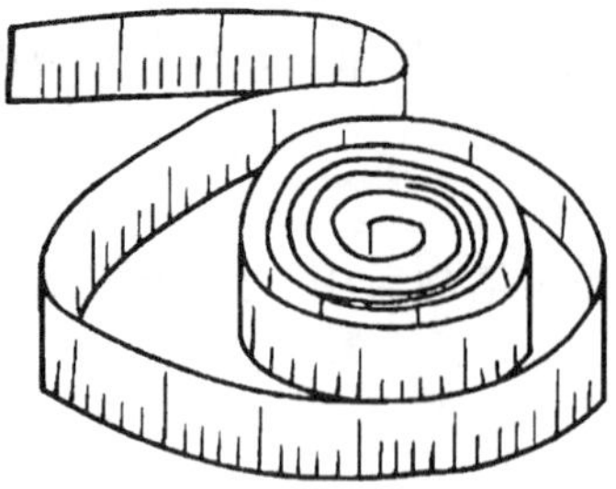

软尺

弯尺

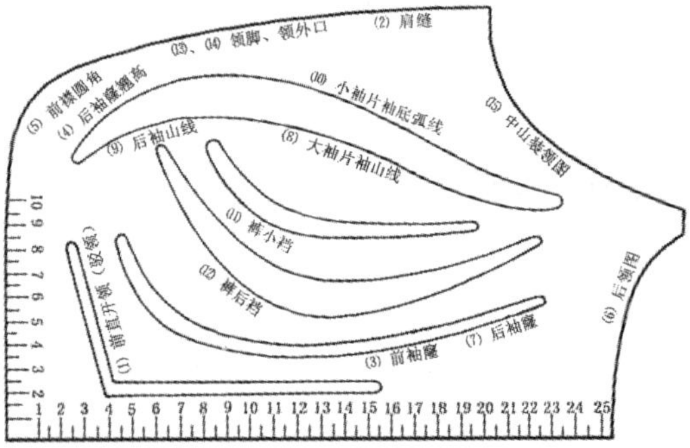

弧线尺

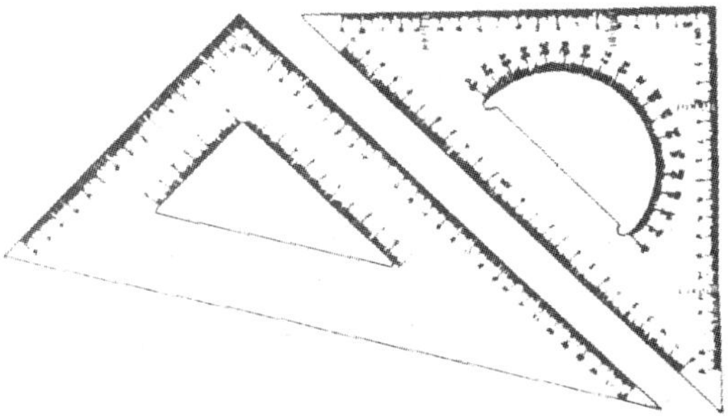

直角三角板

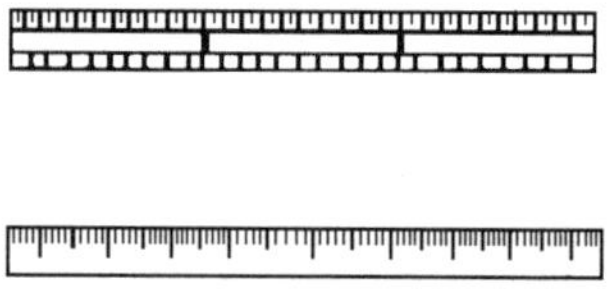

直尺

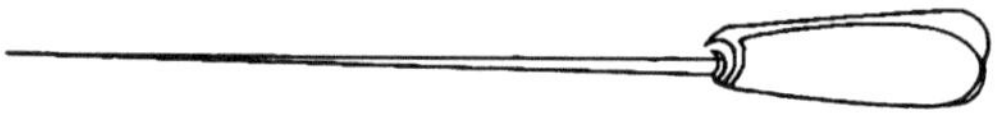

锥子

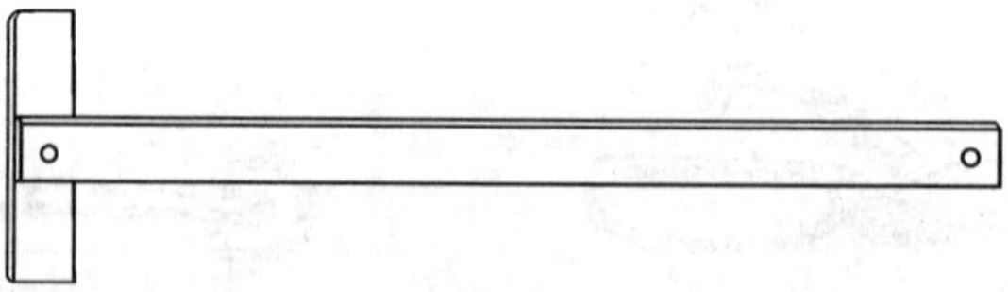

T 形尺

打板台

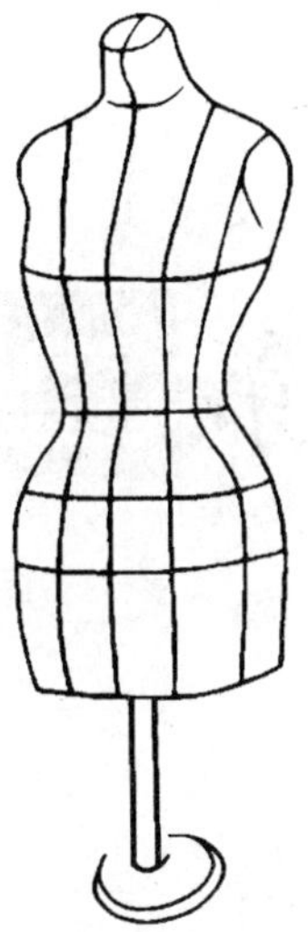

人台

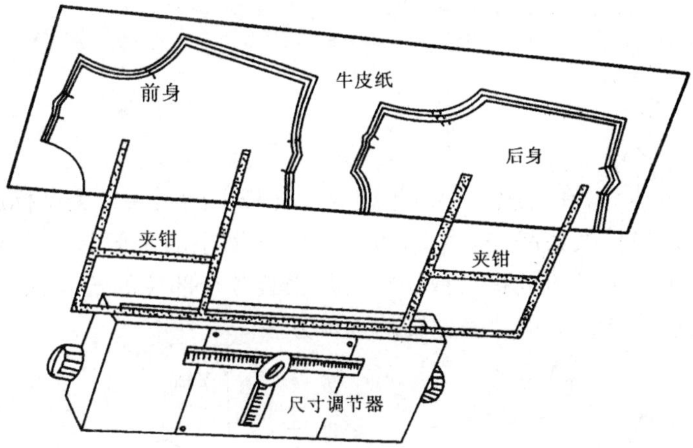

放码机

图 1-1　部分打板工具图

第二章 服装工业制板与推板原理

第一节 基础知识

一、常用术语

1．坐标

坐标是数学中的术语，在这里表示以服装衣片样板上的某一点为坐标原点，根据坐标原点沿着 X 轴、Y 轴方向扩大或缩小。X 轴方向扩大或缩小的是服装各个部位的围度，如颈围、胸围、腰围、臀围等；Y 轴方向扩大或缩小的是服装各个部位的长度，如衣长、袖长、裤长、裙长等。图 2-1 是衣片、裙片、裤片坐标轴的选择方法。

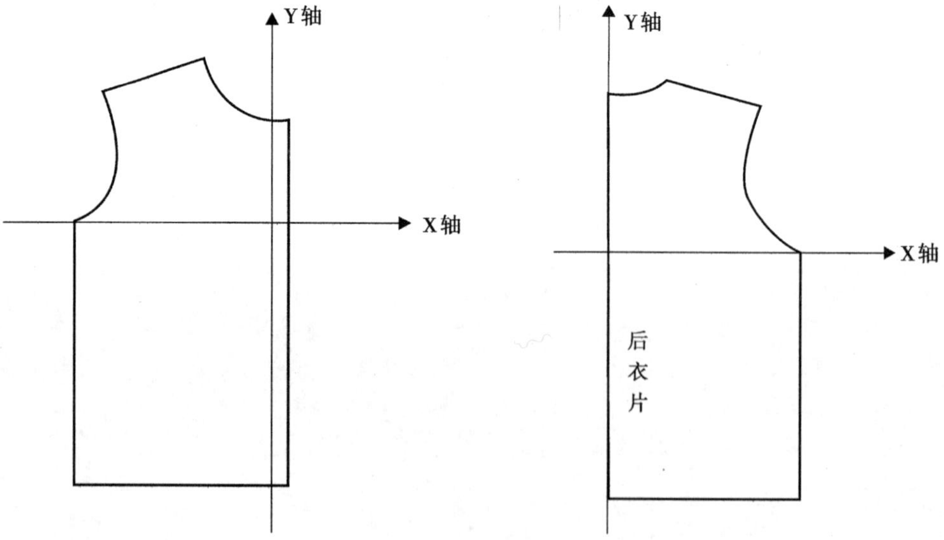

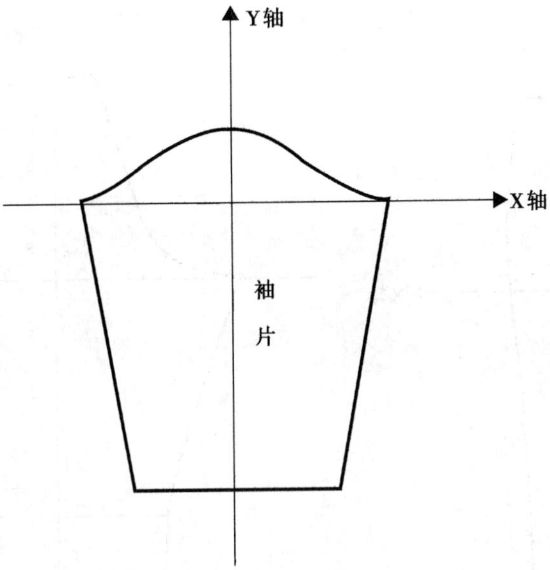
Y轴
X轴
袖
片

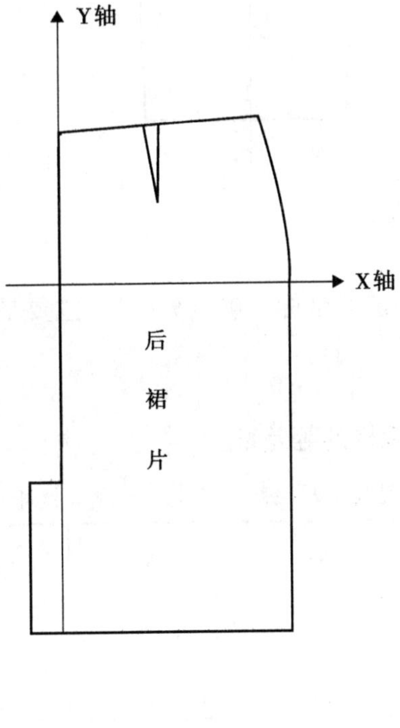
Y轴
X轴
后
裙
片

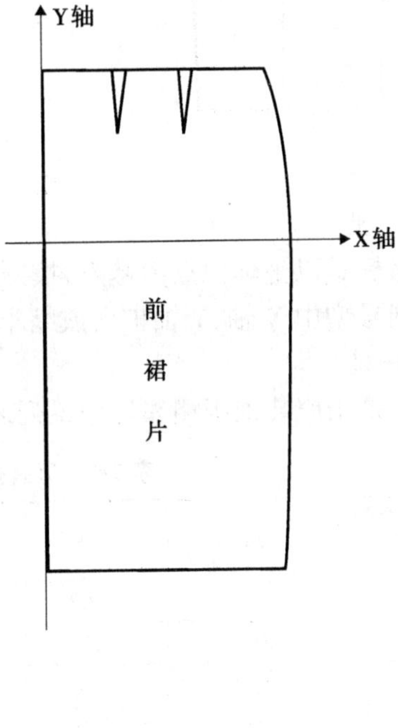
Y轴
X轴
前
裙
片

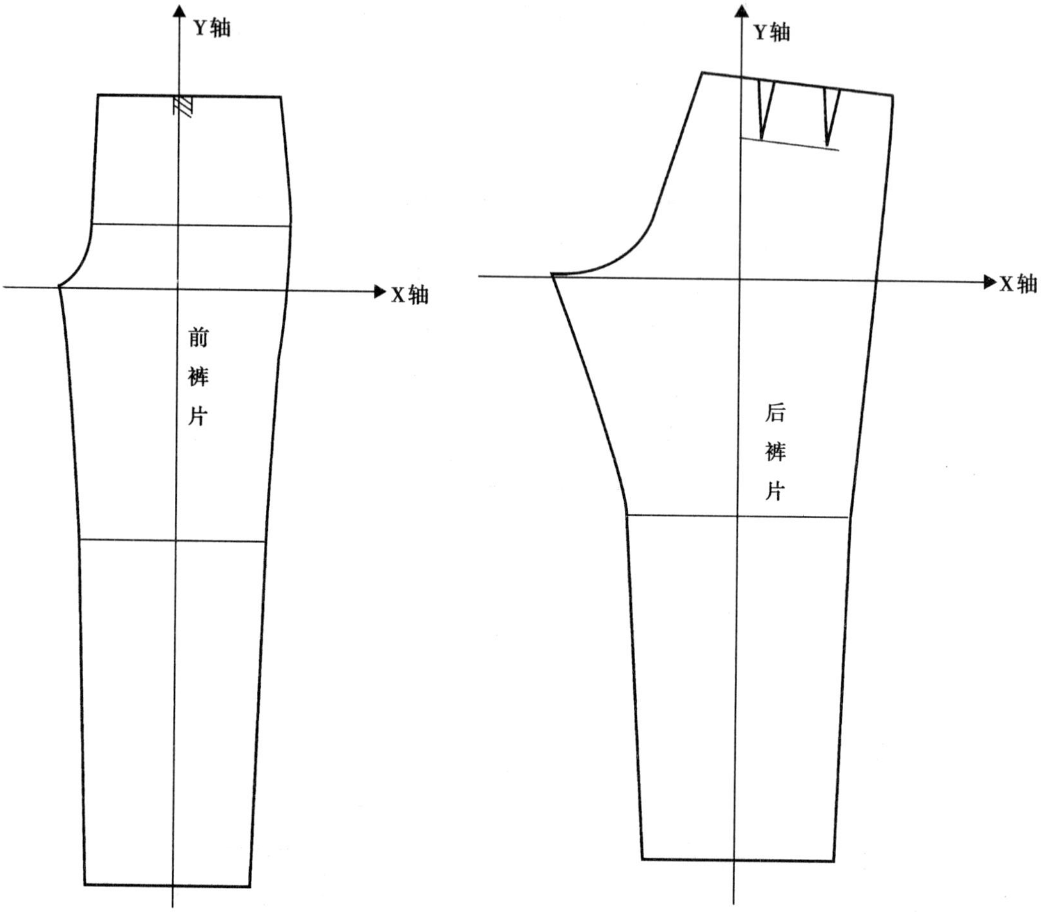

图 2-1　坐标轴的选择方法

2. 分坐标

分坐标是以坐标原点为基点，按照平行原理新确定的坐标。确立分坐标，主要是指确立相邻系列号型中 X 轴、Y 轴扩大或缩小的量。

3. 档差

档差是指服装推板相邻号型系列之间各个部位规格的等差量。

表 2-1　男式插肩袖夹克衫成品规格及档差　　单位：cm

号型 规格	M	S	L	XL	XXL	档差
衣长	61	63	65	67	69	2
背长	40.5	41.5	42.5	43.5	44.5	1
胸围	122	126	130	134	138	4
领围	45	46	47	48	49	1
肩宽	53	54	55	56	57	1
袖长	53	54.5	56	57.5	59	1.5
袖口	30	31	32	33	34	1

档差数值的大小可根据款式需要及分档的数量来决定，一般分档的数量越多，档差数值就越小。

4. 固定点

在服装样板推板时常选定一个不变动的点，使缩放时各个号型的线条互不重叠或重叠最少，我们把这个点叫做固定点。每一衣片样板在号型扩缩时都需要选定一固定点，并以此作为坐标原点。一般上衣前片设在胸围线和胸宽线的交叉点上，后片设在背中线和胸围线的交叉点上，袖片设在袖中线与袖山深线的交叉点上，裙片设在前后中心线与臀围线的交叉点上，裤片设在裤中线与立裆线的交叉点上等。

5. 放缩控制点

我们把衣片外轮廓线的交点叫做服装样板放缩控制点，它是样板放缩的分坐标原点。放缩控制点分为主要控制点和辅助控制点，主要控制点按照分坐标放缩，辅助控制点按照相应的比例来放缩。

6. 单向放缩控制点

单向放缩控制点是指在推板过程中，沿着一个方向放缩，一般是指放缩控制点位于 X 轴或 Y 轴上，也有的点是位于坐标轴的附近，其移动的量很小，可忽略不计，这样的点也属于单向放缩控制点。另外，在工业生产样板中，其变化很小的部位均采用单向放缩控制点。

7. 双向放缩控制点

双向放缩控制点是指向两个方向放缩的点，这样的点需要沿着 X 轴、Y 轴找坐标交点。双向放缩控制点是样板放缩中最常见的，但都是主要控制点。

二、基准线

所谓“基准线”，就是在图样的放缩中，确定其中某一轮廓线或主要辅助线为基准，作为各档样板的定点线，或叫“重合线”、“公共线”，将所计算的各部位档差数，以此线为基准分配在相应的部位。因此，基准线的选择是服装纸样放缩至关重要的问题，它决定着档差的计算方法与放缩部位的分配，以及图形线条的走向。

基准线的确定一般应符合以下原则：

（1）基准线应取衣片中纵横方向的主要结构线或主要轮廓线，但必须是直线或弯曲度较小的弧线。

（2）基准线必须是互成垂直的两条线作为主基准线，允许将靠近主基准线的部位线作为副基准线，可与主基准线相同，都不作移动，但不可作为档差分配的计算依据。

（3）基准线最好取衣片较为居中的线条或有重要作用的靠边的结构线或轮廓线，应有利于各档轮廓线能适当拉开距离，互不干扰，层次清楚。

（4）基准线应选取靠近衣片中有特殊结构的部位，如开刀线、省道以及装饰线等，使这些部位成为副基准线，不再移动。常用的基准线选择见表 2-2。

表 2-2　常用基准线选择表　　单位:cm

部位	基准线	
	纵　向	横　向
上身	前后中直线、前胸后背宽直线、前开领直线	衣长线、胸围线、腰节线
袖子	前袖弯直线、袖肥中线	袖长线、袖山深线、袖肘线
领子	领中线	领宽线
裤子	前后烫迹线、侧缝直线	裤长线、横档线、中档线
裙子	前后中线、侧缝直线	裙长线、臀围线

三、分档线

分档线是指在纸样放缩的图形中,最大档和最小档之间,连接所有同位关节点的线。关节点是指图形中具有显著参照特征的点。同位关节点则是指各档图形中同部位的点。图 2-2 所示分别是大衣前片的推板图及裤子前片的推板图。

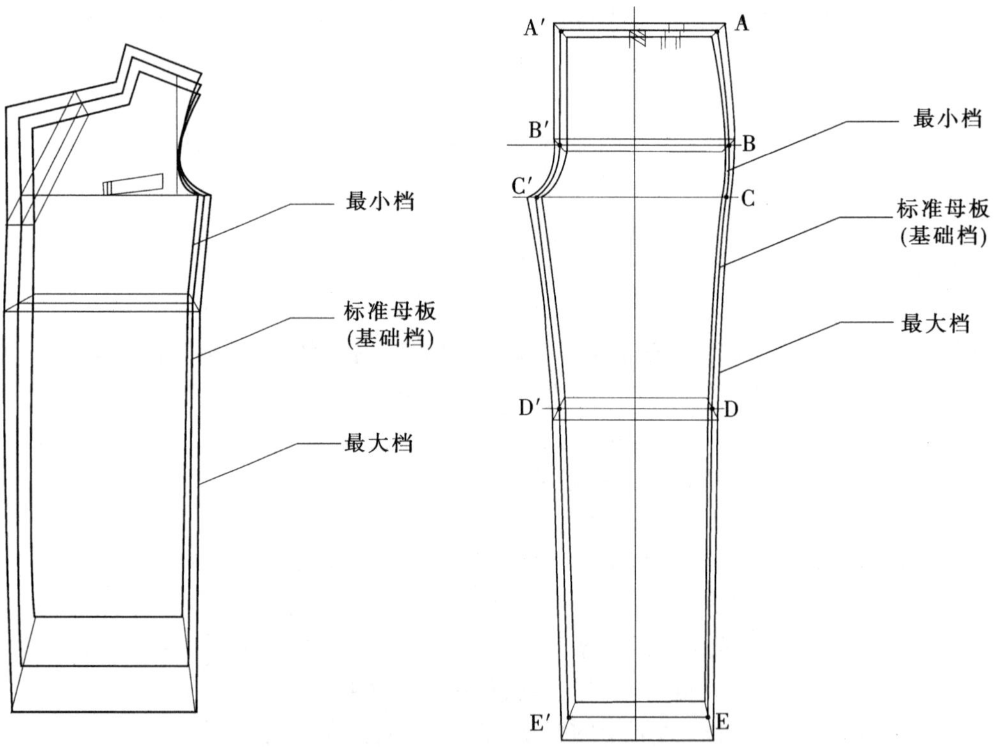

图 2-2　由基础档推出最大档和最小档示意图

四、档　数

档数是按照基本标准、从小到大的一套规格系列。推档一般有 S、M、L、XL、XXL 五档,或 S、L、XXL 三档,其中 L 档则是中间档,一般是指母型板,图 2-3 是某合资企业服装生产工艺单,图中的成衣规格共有四档,分别是 S、M、L、XL。

FOR BULK PRODUCTION-UK CATEGORY(4) SIZE SPEC SHEET

DATE
FAST RETAILING CO., LTD

BRAND NAME	SEASON	DESCRIPTION	SAMPLE NO.	STYLE NO.	SUPPLIER	RETAIL PRICE	COUNTRY OF ORIGIN					
UNIQLO	04SP	Functional cloth car coat jacket	718H0304	7182-001	999	£39.99	CHINA					浅野

PATTERN No. MJK-4128

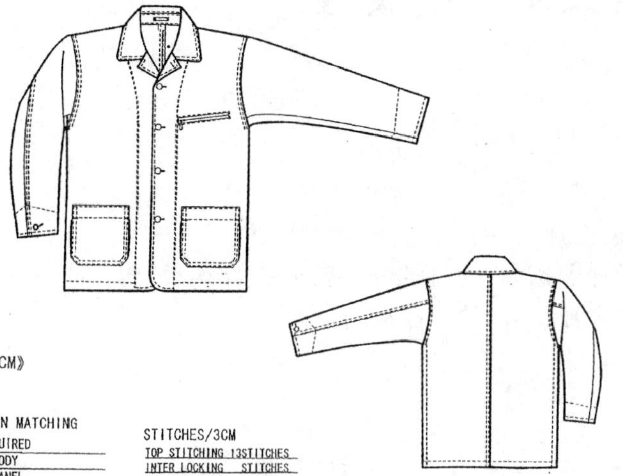

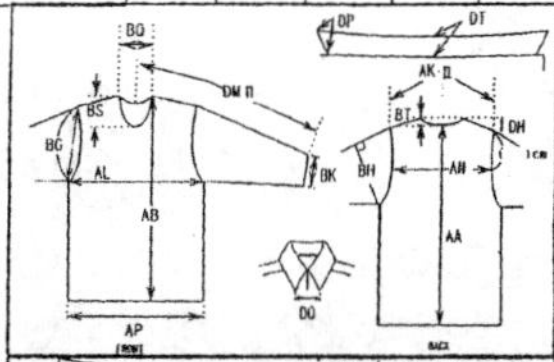

		S	M	L	XL
AB	BODY LENGTH FRONT	81.5	84.5	87.5	90.5
AA	BODY LENGTH BACK	77.5	80.5	83.5	86.5
AKⅡ	SHOULDER WIDTH	47.0	49.0	51.6	54.2
AM	ACROSS CHEST ( ) cm				
AN	ACROSS BACK ( ) cm				
AL	BODY WIDTH	56.0	59.0	63.0	67.0
AP	BOTTOM WIDTH	58.0	61.0	65.0	69.0
DN	SLEEVE LENGTH	64.5	66.0	67.2	68.4
DMⅡ	SLEEVE LENGTH	88.0	90.5	93.0	95.5
BG	ARM HOLE STRAIGHT 1/2				
BH	SLEEVE WIDTH	23.0	24.0	25.0	26.0
BK	SLEEVE HEM WIDTH	14.5	15.0	15.5	16.0
BQ	BACK NECK WIDTH (SEAM TO SEAM)				
BS	FRONT NECK DEPTH				
BT	BACK NECK DEPTH				
DT	COLLAR HEIGHT(BACK)				
DP	COLLAR POINT	7.7	7.7	7.7	7.7
DQ	COLLAR SPREAD				
	COLLAR BAND WIDTH	3.3	3.3	3.3	3.3
	UPPER COLLAR WIDTH	5.6	5.6	5.6	5.6
①	POCKET POSITION				
②					
③					
④	POCKET SIZE				
⑤					

《UNIT=CM》

PATTERN MATCHING
NOT REQUIRED
WHOLE BODY
FRONT PANEL
POCKET(　　　　)

STITCHES/3CM
TOP STITCHING 13STITCHES
INTER LOCKING STITCHES
RUN STITCHING STITCHES

CUTTING(MARKING)
ONE WAY
ONE WAY/PCE
BOTH WAY/PCE

WAVE DIRECTION
NOT REQUIRED
GRAIN
REVERSE GRAIN

OTHERS
各部の縫い始めと縫い終わりは返し縫いすること

OR BULK PRODUCTION-UK CATEGORY(4) PARTS SHEET

REF. NO.
PAGE OF

DATE
FAST RETAILING CO., LTD.

BRAND NAME	SEASON	DESCRIPTION	SAMPLE NO.	STYLE NO.	SUPPLIER	RETAIL PRICE	COUNTRY OF ORIGIN					
UNIQLO	04SP	Functional cloth car coat jacket	718H0304	7182-001	999	£39.99	CHINA					浅野

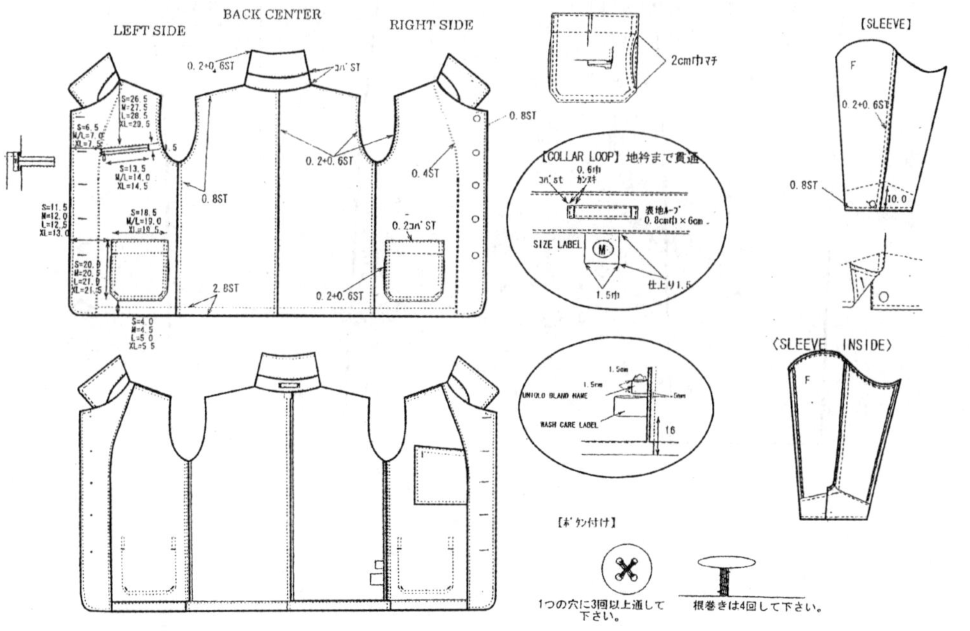

图 2-3　某合资制衣厂生产制造单尺码表

第二节　制板程序

一、拓画标准图

将所绘制的已定型的标准净样图拓画在样板纸上，要求款型、轮廓、规格尺寸等均准确无误。图 2-4 是西服前片、后片、大袖、小袖的净样板。

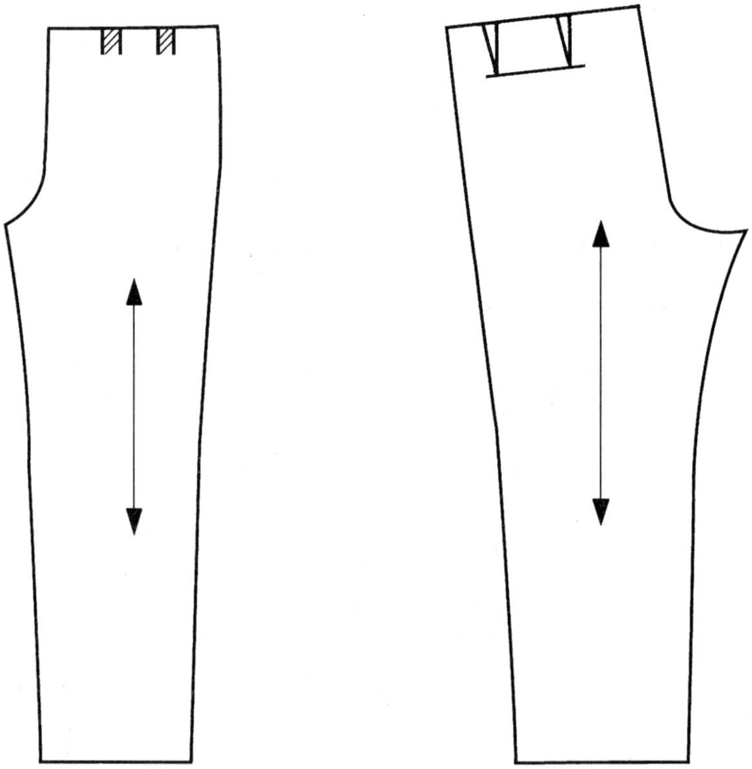

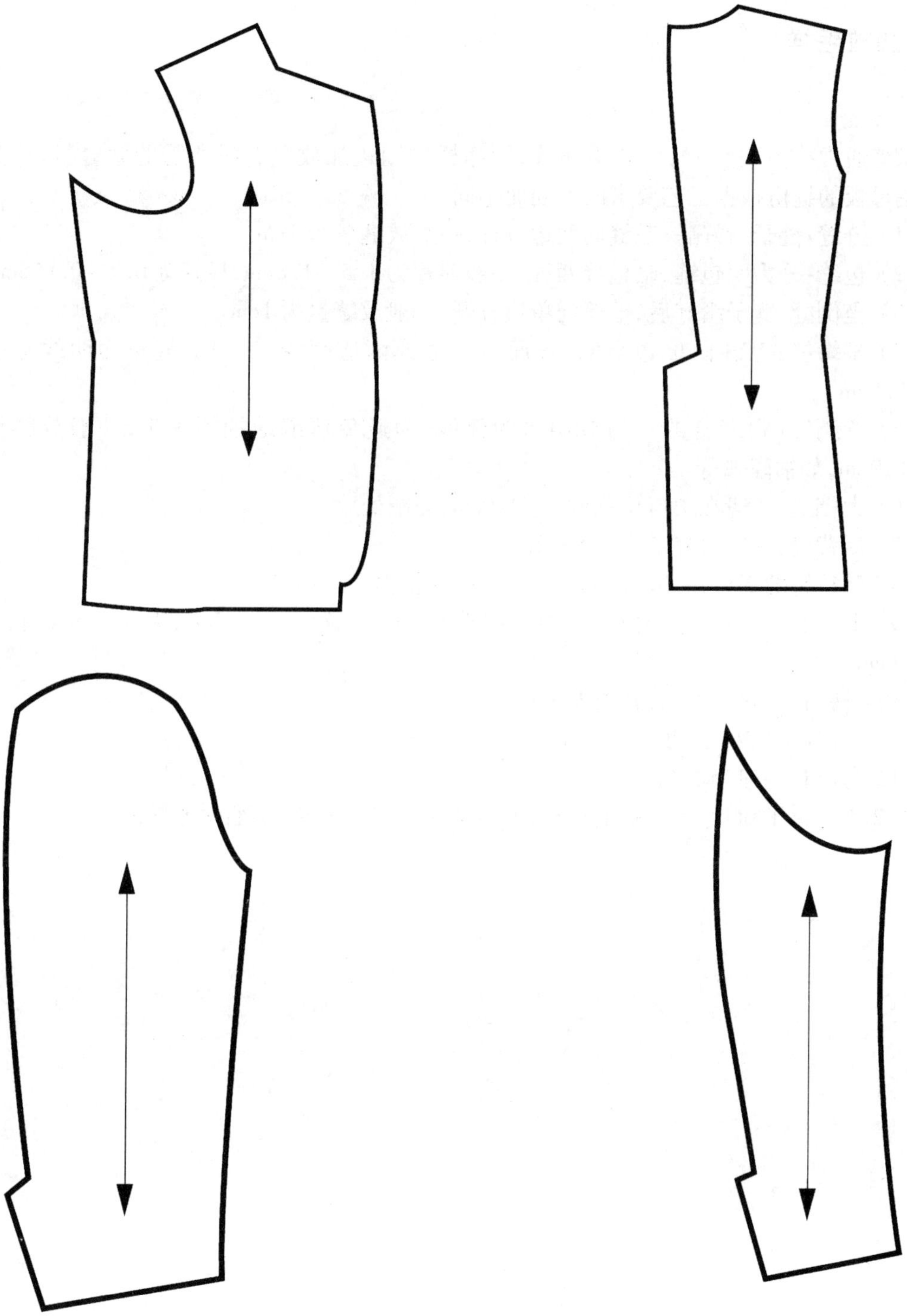

图 2-4 拓画净样板

二、加放毛样

1. 做缝

做缝通常称为“缝头”，就是沿净线，即净样的周边加放缝合时所需的做缝量，称为毛板。毛母板的缝份根据工艺要求的不同而不同。

(1) 分缝：缝子缉好后，毛缝向两边分开，一般放缝量为1cm。

(2) 包缝：分为明包缝、暗包缝两种，一般前片为1.5～1.8cm，后片为0.7～0.85cm。

(3) 坐倒缝：缝子缉好后，毛缝向单边分开，一般放缝量为1cm。

(4) 坐缉缝：毛缝向单边坐倒，正面压一道或两道明线，一般放缝量为明线宽度加0.2～0.5cm。

(5) 弯绱缝：相缝合的一边或两边为弧线，为避免弯绱缝抽褶不平，一般放缝量为0.6～0.9cm，如袖窿弧等。

(6) 大裆缝：一般在腰口位置放2～2.5cm，臀围处放1cm。

(7) 后背缝：一般放缝量为1.5～2cm。

(8) 装拉链的部位：一般放缝量大于1cm，应根据需要而定。

(9) 上衣底边、袖口边：男女上衣中，毛呢为4cm，一般为3～3.5cm，大衣为5cm，衬衣为2～2.5cm。

(10) 裤口：一般为4cm，高档为5cm。

(11) 开气(开衩)：一般为1.7cm。

(12) 开口：一般为1.5cm。

图2-5是裤子前片、后片的毛样板，西服前片、后片、大袖、小袖的毛样板。

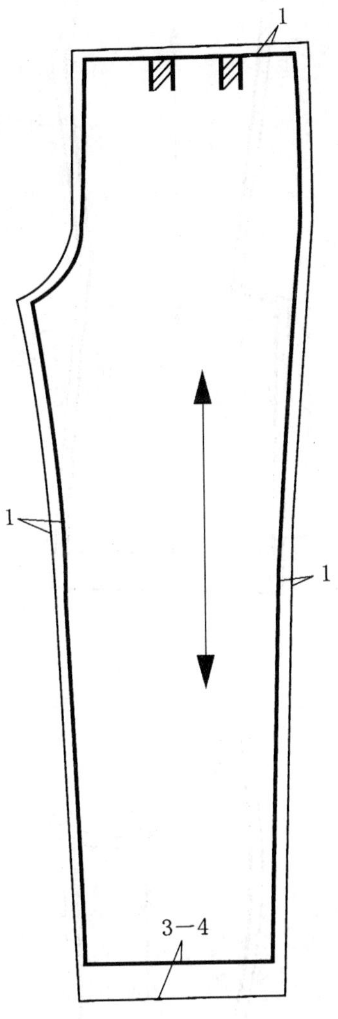
1
1
1
3—4

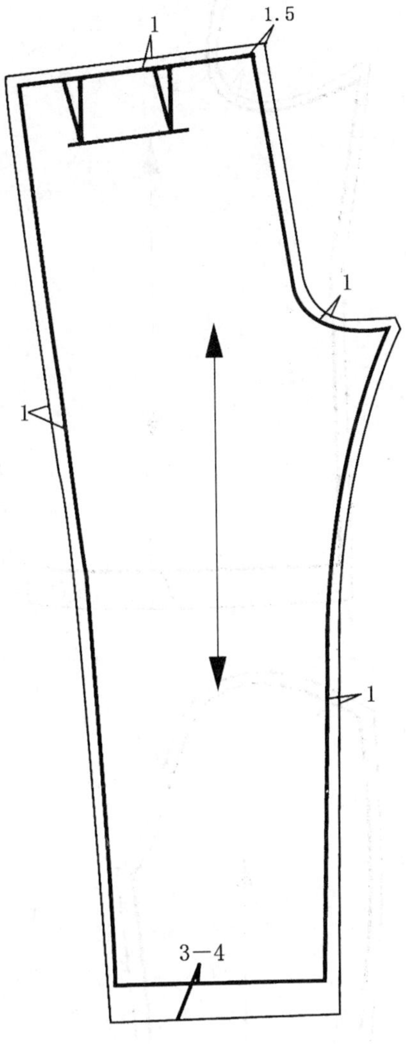
1
1.5
1
1
1
3—4

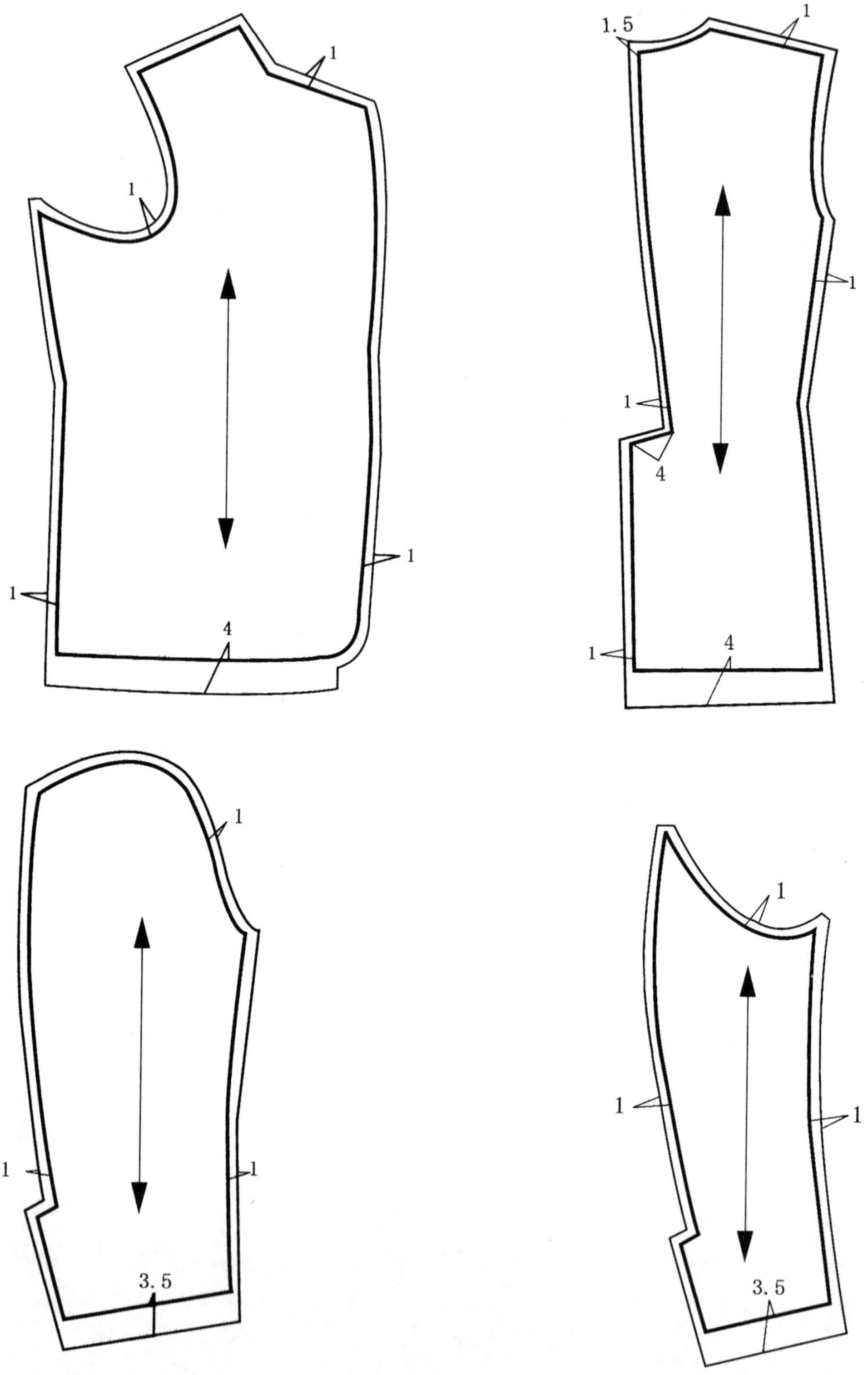

图 2-5　加放毛样板

2. 折边

服装的边缘部位一般采用折边来处理,如衣服的底摆、门襟、袖口、裤口、开衩部位等,各有不同的放缝量。

常用的折边工艺放缝量见表2-3。

表2-3 常见折边放缝量参照表

单位:cm

部位	各类服装折边放缝量
底摆	毛料上衣4,一般上衣3~3.5,衬衫2~2.5,一般大衣5,内挂皮毛6~7
袖口	一般同底摆
裤口	一般长裤4,短裤3,高档裤5
裙摆	一般3,高档4
口袋	明贴袋口无袋盖3.5,有袋盖1.5;小袋口无盖2.5,有盖1.5,借缝袋1.5~2
开衩	西服背衩4,大衣4~6,袖衩2~2.5,裙子、旗袍衩2~3.5
开口	装纽扣或装拉链一般为1.5~2
门襟	衬衫暗门襟一般为3.6~4

3. 放余量

放余量是衣片除所需加放的缝头外,在某些部位还需多加放一些余量,以备放大或加肥时用。一般多用于高档服装,如上衣或大衣的背缝、摆缝、肩缝、袖缝、裤子侧缝、后裆缝、下裆缝等部位,在缝头之外,再多留放余量1~1.5cm。

4. 缩水率和热缩率

缩水率是材料需经过缩水试验(包括面料、里料、衬布等),测定经纬向湿水后的缩水百分比,如某种面料经向缩水3%,则对衣长72cm的衣片应加长72×3%=2.16cm。

热缩率是材料遇热后的收缩率百分比,有些材料,尤其是化纤织物,遇热后,如热黏合、熨烫等,均会收缩,因此均应加放相应的收缩量。

各种纺织品的缩水率见表2-4。

表2-4 各种纺织品缩水率参照表(%)

品名	缩水率		品名	缩水率	
	经向	纬向		经向	纬向
平纹棉布	3	3	人造哔叽	8~10	2
花平布	3.5	3	棉/维呢纺	2.5	2
斜纹布	4	2	涤/腈混纺	1	1
府绸	4	1	棉/丙纶混纺	3	3
涤棉	2	2	泡泡纱	4	9
哔叽	3~4	2	制服呢	1.5~2	0.5
毛华达呢	1.2	0.5	海军呢	1.5~2	0.5

续表

品　　名	缩　水　率		品　　名	缩　水　率	
	经　　向	纬　　向		经　　向	纬　　向
劳动布	10	8	大衣呢	2~3	0.5
混纺华达呢	1.5	0.7	毛凡立丁	2	1
灯芯绒	3~6	2	毛哔叽	1.2	0.5
毛花呢	1.2	0.5	人造棉	8~10	2
毛涤花呢	1.2	0.5	人造丝	8~10	2

5. 松疏衣料的脱纱

松疏衣料极易产生脱纱现象，俗称“拔丝”，遇有此类情况时均应适当加大缝头。

6. 缝缩

缝缩是在缝制的过程中由于机械作用所造成的收缩和特意需要“吃进”的缝缩，如上下层由于压脚与送布牙所形成的逆差而造成的缝缩或因缉线次数所产生的收缩；另外一种就是人为的，特意需要吃进的缝缩，吃进缝缩后需要里外均匀而使某些部位松弛所产生的特意收缩，如前后肩缝、袖口与袖窿、领子与袋盖止口等，均应有适当的差量。除袖口需根据不同款式、不同面料确定不同放量外，其他部位无特殊情况，根据面料厚薄，一般差量为0.25~0.5cm 。

7. 公差

服装的成品规格，按照国家标准规定均允许有一定的公差范围，应熟悉掌握。

各类服装规格公差见表2-5、表2-6。

表2-5　各类服装规格公差表　　单位：cm

部位＼品种	男女单服	衬　　衫	男女毛呢上衣、大衣	男女毛呢裤子	茄克衫	连衣裙裙套
衣长	±1	±1	±1 大衣 ±1.5		±1	±1
胸围	±2	±2	±2		±2	±1.5
领大	±0.7	±0.6	±0.6		±0.7	±0.6
肩宽	±0.8	±0.8	±0.6		±0.8	±0.8
长袖长	±0.8 连肩袖 ±1.2	±0.8	±0.7		±0.8 连肩袖 ±1.2	±0.8 连肩袖 ±1
短袖长		±0.6				
裤长	±1.5			±1.5		
腰围	±1			±1		±1
臀围	±2			±2		±1.5
裙长						±1
连衣裙长						±2

表 2-6　牛仔服规格公差表　　单位：cm

部位	公差	
	水洗产品	非水洗产品
衣长	±1.5	±1
胸围	±2.5	±1.5
袖长	±1.2	±0.8
连肩袖长	±1.8	±1.2
肩宽	±1.2	±0.8
裤长	±2.3	±1.5
腰围(裤)	±2.3	±1.5
臀围(裤)	±3	±2
裙长	±1.2	±0.8
腰围(裙)	±2.3	±1.5
臀围(裙)	±3	±2

三、做标记

样板由净样放成毛样后，为了确保原样的标准性，在推板、排料、划样、裁剪以及缝制时部件与部件的结合等整个工艺过程中保持不走样、不变形，就需要在毛样上做各种标记，以便在各个环节中起到标位作用。

1. 定位标记

定位标记一般采用“刀口”和“锥眼”的方法来标志。

刀口亦称“剪口”，一般是在样板的边缘需做标记处剪出一个三角形缺口，剪口宽与深约为0.5cm，表示以此刀口为准，作为定位或对位标记。

锥眼处于衣片内腹，无法用刀口做标记时，用冲孔工具打眼做标记，打孔直径一般为0.2～0.4cm，此孔称为“定位孔”。

(1) 缝头与折边定位

在所需缝头(包括放缩量)两端或一端，对准净线部位打出刀口，见图2-6。

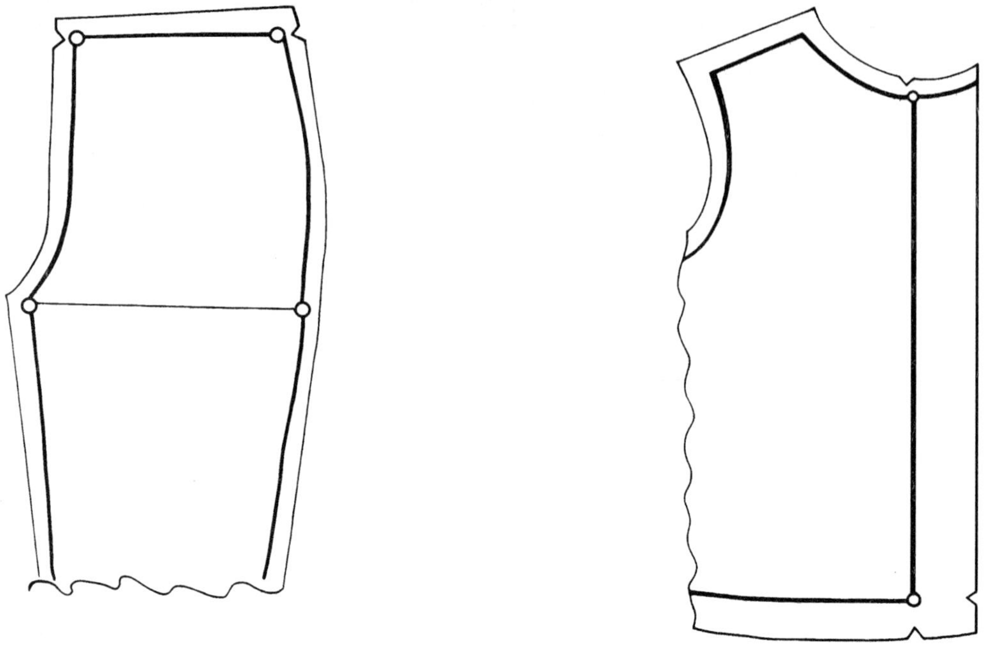

图 2-6　缝头与折边定位剪口

（2）省道与褶裥定位

凡收省部位和褶裥部位都需做标记，定出所收省道、褶裥的位置及起止长度。边缘部位打刀口，中间部位打锥眼，见图 2-7。

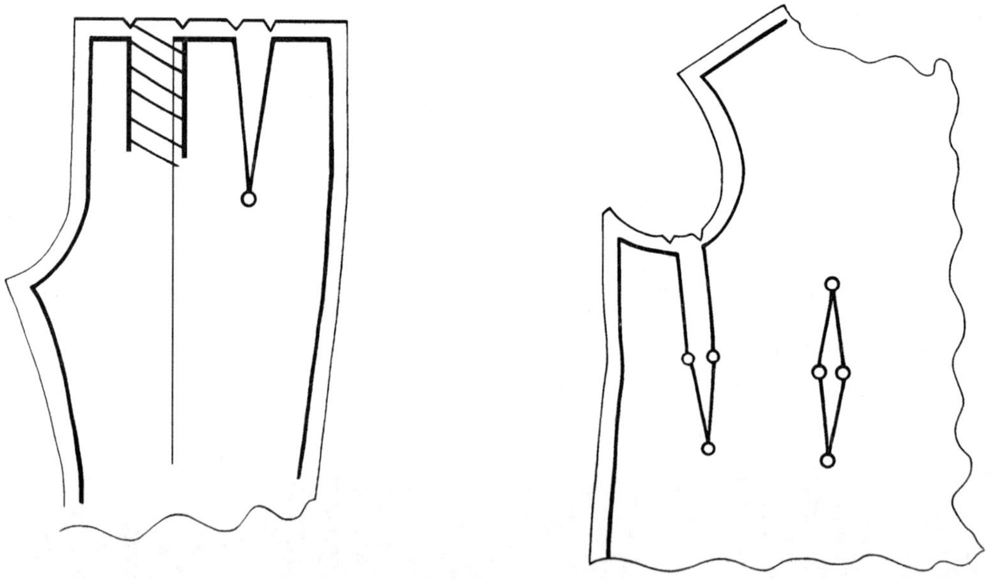

图 2-7　省道与褶裥定位剪口标记

（3）袋位定位

袋位也应做标记定位，以确定袋口的大小、位置以及袋盖、袋片的位置。鉴于袋所处的位置除借缝袋外，均处于衣片的内腹，因此除借缝袋位可打刀口做标记外，其余均需用锥眼定位。

（4）开口、开衩定位

凡开口、开衩处，起始、长度、宽度、终点等均应做标记，见图 2-8。

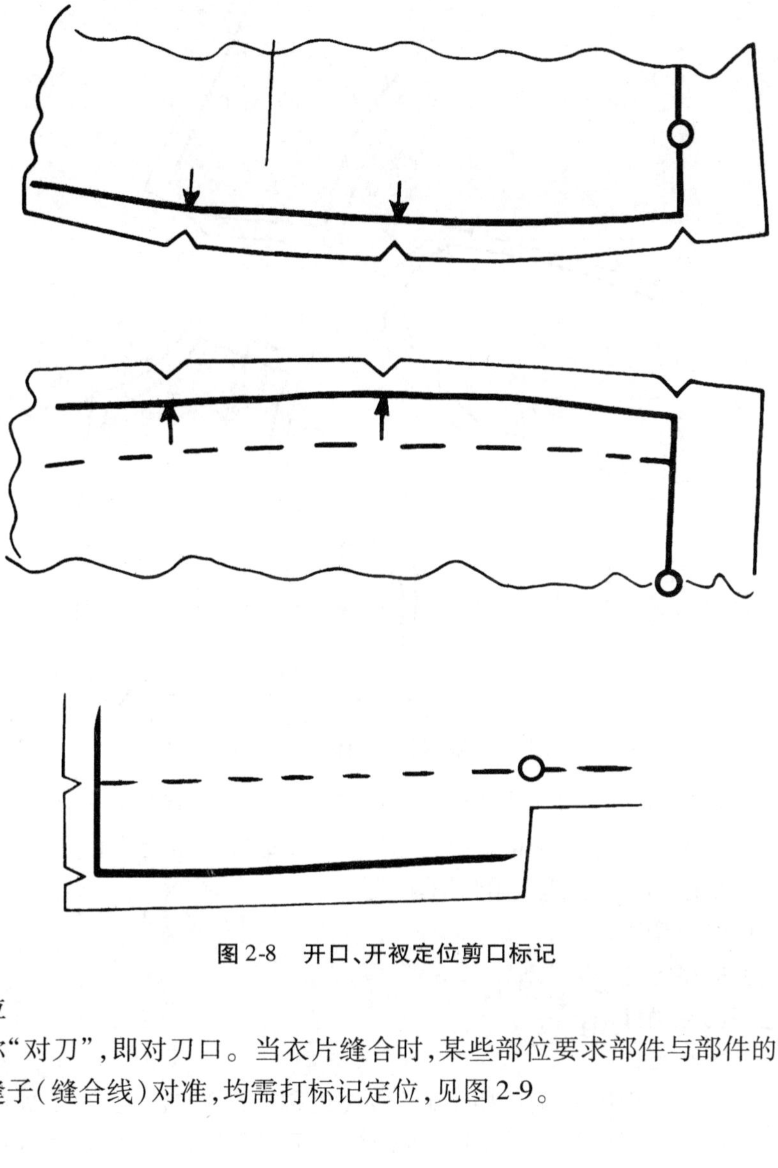

图 2-8　开口、开衩定位剪口标记

（5）对位

对位亦称“对刀”，即对刀口。当衣片缝合时，某些部位要求部件与部件的刀要对准，或刀口与某些缝子（缝合线）对准，均需打标记定位，见图 2-9。

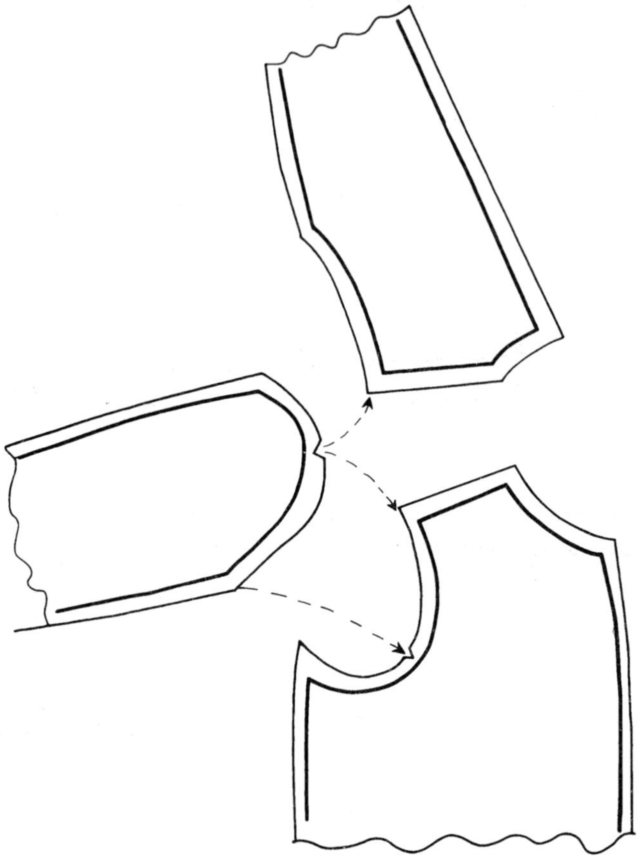

图 2-9　衣片缝合对位剪口标记

此外,对于需要精确定位的部分,除应做好应做的标记外,有时还需利用定位板来定位。

总之,定位是服装工艺中一个很重要的组成部分,要根据不同服装、不同款式的不同工艺要求做出不同的定位标记。其作用归纳如下:

① 确保规格的不变性;

② 确保造型的稳定性;

③ 确保组装的准确性。

2. 丝缕与倒顺标记

在服装工业制板过程中,正确运用不同丝缕(也称纱向)的性能,对于提高服装成品的质量起着重要作用。应对服装丝缕的性能进行全面研究分析,以掌握丝缕在服装中的重要作用及应用方法。

(1) 服装丝缕的性能分析

服装材料来自各种织物,织物大多由经纱和纬纱交织而成,平行于布边的长度方向为经向或称直丝,垂直于布边的横度方向为纬向或称横丝。与经、纬向成 45°的方向为斜向称为斜丝。

丝缕是服装专业术语,它主要用来区分服装裁片所选取面料的经、纬方向。在整块面料中只有经向和纬向之分,没有丝缕之别,只有在将其裁剪成衣片或各种部件时才会有丝缕的概念。当服装的衣片和零部件的长度方向与面料的经向平行时，称为直丝绺（直纱）；当服装的衣片和零部件的长度方向与面料的纬向平行时，称为横丝绺（横纱）；当服装的衣片和零部件的经纬处于该部件的45°位置时，称为斜丝绺（斜纱）。各种纱向具有不同的性能，直纱的特点是挺拔、垂直、不易伸长变形。因此一般选作服装衣片的长度部分，如衣长、裤长等。零部件一般选作防止拉伸的部位，如门襟、腰面、嵌线等；横纱略有伸长变形的特点，在围成圆势时自然丰满，一般用在服装衣片的纬度以及与丝绺相一致的部位，如领面、袋盖等；斜纱具有伸缩性大，富有弹性，容易弯曲延展、伸长等特点，容易变形，一般用于服装伸缩性较大的部位。

（2）服装工业制板中的垂直理论

① 垂直理论

在服装工业制板中，根据款式设计恰如其分地运用丝绺方向，非常清楚地将直纱向特定的垂直纱向符号在全套工业纸样上逐一标注出来，方便裁断技术人员合理紧密排料，保证所有裁片纱向的正确，使产品的造型更优美。纱向正确是指服装处于悬挂状态时外观平整，服装各部位与对应形体之间有一种明确的关系，经向纱线与地面垂直，纬向纱线与地面平行。如果纱线的经向、纬向不正确，服装穿着时会出现扭曲、松垂或上拉现象。因此裁剪任何基础纸样时，关键要使直纱与衣身的前中心线平行，横纱与上装的胸围线、下装的臀围线及地面保持平行。这也称为“垂直理论”。从外观效果上看，如果服装的纱向不顺直，底摆会出现前长后短或前短后长的现象。

② 直纱向在服装工业制板中的应用

面料的经向与纬向的张力是有差异的，一般纬向大于经向，所以经向的抗拉伸强度、收缩率比纬向大。在服装工业制板中，上衣和裤子的主要裁片通常采用直丝绺，因为直丝绺的悬垂性好、挺括，承受的强度往往比横丝绺大，穿着后上衣的门襟平服，裤子中缝垂直不走样。在部件方面，可运用直丝绺拉伸强度大的特性加强某些部位的承力强度。某些止口部位贴边采用直丝绺可改变止口横丝绺的伸长率以避免止口豁开，加强承受横向扩张力的强度，下装的腰头通常采用直丝绺。又如上衣育克部位，分割后通常选用直丝绺，主要是为了改变肩背部的力学关系，以加强横向的承力强度。某些需要承受较大拉伸强度的带状部件也常采用直丝绺，如各类服装的腰带、束带、吊带等。另外，可利用直纱张力小的特点获得良好的定性效果。用有些结构松散、回弹性较弱的面料制作服装时，在肩缝等受力关键部位缝份内缉贴直丝绺嵌条，袋口的贴边也常用直丝绺以获得较好的形态稳定性。利用直丝绺的收缩性处理里外层，形成自然圆曲状的层次关系。例如，西服领的领面一般采用横丝绺，在下口领座部位，样板经分割后直接运用直丝绺的收缩性来改变层次关系，里层选用直丝绺，外层选用横丝绺，经缝制整烫后，受湿热作用丝绺会发生收缩，且里层丝绺收缩率大于外层，这样就可获得自然的层次关系，形成圆曲状，能较好地适合颈部的曲度。

③ 横纱向在服装工业制板中的应用

横丝绺相对于直丝绺具有较好的伸长性，但是绝大部分面料经、纬的拉伸强度相对较弱，横丝绺的抗拉伸能力比直丝绺相对而言要差些，所以，服装承受力较大的部位不宜选用横丝绺。横丝绺的柔性比直丝绺好，翻领常选用横丝绺来制作，翻折后，领面外观平服，不易出现领面瘪陷的现象。因为横丝绺的伸长性较好，在缝制时具有一定的松紧宽容性，不易出现皱褶。选用横丝绺做袋盖能使袋盖自然贴身，一般上衣的包袖窿布条也选用横丝缕。所以,在服装工业制板中应特别注意,先分析款式,再合理运用丝缕性能,使服装样板更加准确。

④ 斜纱向在服装工业制板中的应用

在服装工业制板中,除一般采用经纱或纬纱以外,还可合理运用丝缕性能进行斜丝缕裁剪,简称斜裁。斜裁可以使服装的衣褶悬垂非常自然柔和,合身效果好。裁片在垂直悬挂时,织物经向和纬向的张力增大,可充分发挥面料剪变性的所有优点。面料的剪变性是指经纱和纬纱的变形率。面料在受到张力后恢复的程度是很重要的,剪变性大而组织结构紧密的梭织面料,在进行斜纱方向裁剪时能保持较好的稳定性,使服装达到较好的效果。剪变性大而组织结构松散的面料,在受到拉力时会有较大的变形,如丝、麻面料45°正斜时,丝缕的最大特性是伸长率高,通常用于弧形等形态较复杂部件的镶边、滚边、贴边、包边等。利用斜丝缕的伸长性可以较容易地收紧止口,并且富有弹性,如悬垂领、波浪领等采用斜丝缕来制作可以增添服装美感。

近几年,服装市场上流行的各种斜裁裙,特别是正斜裁(45°)裁剪的连衣裙和利用条纹斜裁拼接的半截裙,造型生动活泼,具有良好的适体性,深受消费者的青睐。但在大批量的工业生产中,斜纱向的控制相对比较困难,成衣造型视觉窄瘦,有些衣片变形,下摆缝处不平服。因此在服装工业制板中,应注意纸样摆缝处的展开量和完成之后的窄身效果,确保裁剪的正确性。

(3) 丝缕在服装工业生产中应用的技术规定

服装标准化是组织现代化服装生产的重要手段,是服装工业制板的重要依据。服装国家技术标准对丝缕在服装工业生产中的运用有明确的规定:

① 上衣

前衣片经纱以门襟为准,不允许斜。后衣片经纱以背中线为准,倾斜不大于1cm,条格面料不允许斜;袖子经纱以前袖缝为准,大袖倾斜不大于1cm,条格面料袖口处向前不允许斜;小袖倾斜不大于1.5cm,条格面料袖口处不允许斜;领面纬纱倾斜不大于1cm,条格面料不允许斜;袋盖与衣片纱向一致,斜料左右对称。

② 裤子

前裤片经纱以中心线为准,倾斜不大于1.5cm,条格面料不允许斜。后裤片经纱以前中心线为准,左右倾斜不大于2cm,条格面料左右倾斜不大于1.5cm;裤腰头经纱倾斜不大于1cm,条格面料不允许斜。

另外,还应注意面料本身的纬斜。纬斜是指面料的纬纱不与经纱垂直,呈偏斜的状态。一般色织格料经纱纱向允许倾斜的程度,即纬斜率不得大于3%。简便的计算方法是斜纱允许倾斜的最大值=衣片宽×纬斜率(3%)。如果实际倾斜程度大于计算出来的纬纱允许倾斜的最大值,即不符合国家标准。

丝缕在服装工业制板中的运用是一项实践性很强的应用技术,尤其是在高科技面料日新月异的今天,更应该尽快掌握。它对提高成品服装的质量及价值起着重要作用,可以更好地促进国内服装品质的不断提高,增加服装的附加值,增强服装在国内市场中的竞争力。

(4) 对于纱向及原料的倒顺在样板中应做出标记

① 纱向标记

用一线段两端打出箭头如“ ↕ ”,作为纱向标记,表示织物的经纱方向。如果样板部件的轮廓线中有与织物经纱相一致的平行线(平行边),标记方法参见图 2-10。

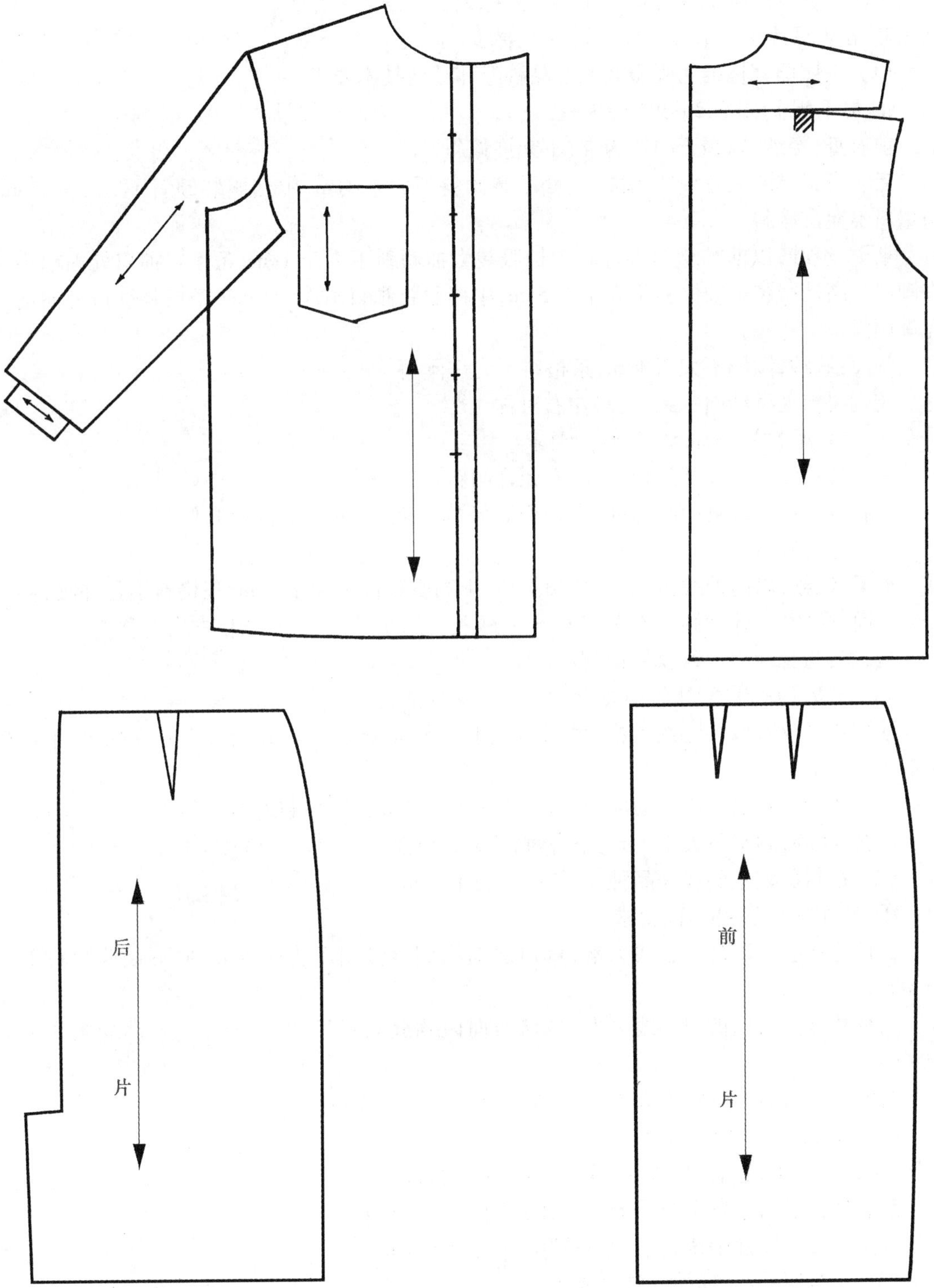

图 2-10　丝缕与倒顺毛标记

② 倒顺标记

倒顺标记是用一线段一端单向作箭头表示，如"↑"，箭头所指方向为顺向，无箭头一方则为倒向。遇有倒顺要求时均应做出倒顺标记。见图 2-9 所示。

3. 各类服装主要品种经纬纱向技术要求

（1）按照国家标准毛呢服装主要品种经纬纱向技术要求

① 男毛呢上衣经、纬纱向要求

前衣身：经纱，以领开门线为准，不允许偏斜。

后衣身：经纱，以背中线为准，高档服装倾斜不大于 1cm，中档服装倾斜不大于 1.5cm，条格料不允许倾斜。

袖子：经纱，以前袖缝为准，高、中档服装大袖倾斜不大于 1cm，条格料袖口处向前不允许倾斜。高档服装小袖倾斜不大于 1.5cm，中档服装倾斜不大于 2cm，条格料袖口处向前不允许倾斜。

领面：纬纱，倾斜不大于 1cm，条格料不允许倾斜。

袋、盖：与大身纱向一致，斜料左右对称。

② 女毛呢上衣、大衣经、纬纱向要求

前衣身：经纱，以领开门线为准，不允许倾斜。

后衣身：经纱，以背中心为准，高档服装倾斜不大于 1cm，中档服装倾斜不大于 1.5cm，条格料不允许倾斜。

袖子：经纱，以前袖线为准，大袖倾斜高、中档服装都不大于 1cm，条格料不允许倾斜。

领面：横领料，纬纱倾斜不大于 1cm；斜领料，面、里纱向一致，条格左右对称。

袋、盖：与身纱向一致，斜料左右对称。

③ 男、女毛呢裤经、纬纱向要求

前裤片：经纱，以中心线为准，倾斜不大于 1.5cm，条、格料、高档裤不允许倾斜，中档裤倾斜不大于 1cm。

后裤片：经纱，以中心线为准，左右倾斜不大于 2cm，条、格料左右倾斜不大于 1.5cm。

裤腰：经纱，倾斜不大于 1cm，条、格料不允许倾斜。

（2）布料服装主要代表品种经、纬纱向技术要求

① 布料裤子经、纬纱向要求

前裤片：经纱，以裤中心线为准，裤口线向内侧缝倾斜不大于 5cm，向下裆缝倾斜不大于 3cm。

后裤片：经纱，以裤中心线为准，裤口线向内侧缝倾斜不大于 6cm，向下裆缝倾斜不大于 4cm。

裤腰：经纱，男裤倾斜不大于 1cm，女裤倾斜不大于 2cm。

② 衬衫经、纬纱向要求

前衣片、领子、过肩、袖头、袋等：经纱，都不允许倾斜。

后衣片：经纱，以背中线为准，左右倾斜不大于 0.6cm。

袖子：经纱，以袖中线为准，左右倾斜不大于 0.6cm。

（3）丝绸服装经、纬纱向技术要求

由于品种、款式繁多，长短不一，经、纬纱向允许倾斜度常以百分比计算。

① 丝绸连衣裙经、纬纱向要求

前衣身:经纱,以领开门为准,不允许倾斜。

后衣身:经纱,以背中心为准,不允许倾斜。

袖子:经纱,不允许倾斜。

衣袋(贴袋):经纱,倾斜不大于5%,条、格料不允许倾斜。

② 丝绸男女裤经、纬纱向要求

前裤片:经纱,不允许倾斜。

后裤片:经纱,素色料,以裤中心线为中心,裤口向内侧缝倾斜不大于5%,向下裆缝线倾斜不大于3%。

裤腰:经纱,不允许倾斜。

4. 拼接互借范围要求

服装的各主件和附件、部件,在不影响产品标准、规格、质量要求的情况下,可以拼接、互借,但一定要符合国家标准规定。在有潜力可挖的情况下,尽量不拼接为好,有利于保证产品质量,减少缝制工作量。按技术标准要求如下:

(1) 衬衫拼接要求

袖子,允许拼角,不大于袖围四分之一;胸围前后身可以互借,但袖窿保持原板不变,按B/4胸围计,可借0.6cm,但前身最好不要借小了。

(2) 男、女单裤拼接要求

男裤的腰拼接缝需在后缝处,女裤的腰拼接缝允许在后腰处拼接一次;裤后裆允许拼角,但长不超过2cm,宽不大于7cm、不小于3cm。

5. 画线质量要求

画样线条是推刀裁剪的依据,画线的质量直接影响裁片的规格质量。具体要求如下:

(1) 画线要准

把样板摆准、固定,紧贴样板画线。手势要准确不能晃动歪斜,偏离样板,尤其是凹凸弧线、拐角、折角、尖角等折向部要画准、画顺。用力要适当,用力过大,容易使轻、柔、薄原料伸长,造成裁剪线条不准;用力过轻使线条不清或容易脱落,也会给推刀带来影响。

(2) 线条要清楚

线条要细,不能粗。做到线条窄细、清晰、准确,不能画双道线、粗线,线条不能断断续续、模模糊糊,以免影响推刀路线的准确性,产生线向里、向外的误差,影响裁片和零部件的规格或部件形状。

(3) 画具要好

划粉要削薄,笔要削细,要根据各种产品原料的质地和颜色选择不同的划粉。衬衫、衣裙等衣料纱支较细、质地较薄软、颜色较浅,一般用铅笔画;布服装料较厚,色较深,可选白色铅笔或滑石片画;毛呢料因厚重、色深、纱支较粗,可选划粉画。画线所使用颜色的选择要十分注意,既要明显、清楚、易辨,又要防止污染面料,不宜用大红、大绿的色粉、色笔画样,以免色泛至正面;同时也要防止画错后揩不掉、洗不净,造成调片损料,尤其忌讳用含有油脂的圆珠笔、画笔等极易污染衣料的画具画样。

6. 标记符号要求

眼刀、钻眼等标记符号在服装批量裁剪中,起着标明缝份窄宽、褶裥、省缝大小、袋位高低、左右部件对称以及其他零部件位置的固定作用。有的用打眼做标记,有的不宜打眼则用有色笔点眼做标记。所有标记符号都要求点准、打准,不能漏点、错点或多点。还必须多画裁片的规格、上下层标记,用符号写清注明,以利于分色、编号、发片,这都是不可疏忽的工作。

综上所述,排料画样要求:部件齐全,排列紧凑,套排合理,丝缕正确,拼接适当,减少空隙,两端齐口。两端齐口是指布料的两个边不得留空当。既要符合质量,又要节约原材料。

四、排料画样方法

1. 正确排放,巧安排

根据服装裁片主、附件的构成特点,画样方法概括为"齐边平靠,斜边颠倒;弯弧相交,凹凸互套;大片定局,小片填空;经短求省,纬满在巧"。

(1) 齐边平靠,斜边颠倒

齐边平靠是指样板有平直边的部件,尽量互相靠拢,或者平贴于衣料的一边,如裤腰的直边贴靠布边;上衣门襟止口靠直布边,底边齐纬向一端。两条直边相靠,力求两条直线拼为一条直线更省料。

斜边颠倒是指有斜边的部件,则颠倒其一,使两个斜边顺向一致,两线合并,消灭空档。如两肩缝、两袖上斜边颠倒相靠。

(2) 弯弧相交,凹凸互套

弯弧相交是指样板部件中,凡是内弯和外弧的边缘,如大袖袖对摆缝,翻领的外口套里口,裤片的两侧缝颠倒并拢等。

凹凸互套是指样板中有明显的内凹、外凸的边形部件,尽可能使其凹凸互套。如大袖的袖山与小袖的凹弯互套。

(3) 大片定局,小件填空

大片定局是指每一个排料画样图版,均应使主要部件、大部件按前述方法两边排齐,两头摆满,形成排料画样的基本格局,然后再用小片、小件、零部件填满空隙。需要反复推敲、试排,反复比较,以取得排料画样的最佳方案和效果。

(4) 经短求省,纬满在巧

经短求省是指排料画样时,力求占用的经向布料长度越短越好,这样经向越短越省料。在经短求省的同时,还要考虑使其中的空隙容纳得下小部件和零件。这就要巧设计、巧安排,把纬向的空间填满,这就是"纬满在巧"。合理的安排必须做到经向短与纬向填满的统一。

2. 合理套排

合理套排是指在保证裁片质量的前提下,利用品种、规格的长短大小差异以及主件、附件和零部件的不同形状、大小,利用布料的不同幅宽,按前面所述的排料画样要求和方法排料。

常见的套排方式有:① 单独裤子套排画样;② 单独上衣套排画样;③ 上装和裤子混合排料画样;④ 单一规格套排画样;⑤ 不同规格排料画样。

以上五种套排形式见第三节排料画样实例。

五、特殊衣料排料画样

特殊衣料排料画样的技术性较强，难度也较大，主要有以下几种：

1. 倒顺毛、倒顺光衣料排料画样

(1) 倒顺毛衣料排料

倒顺毛是指织物表面绒毛有方向性的倒伏。排料分三种情况处理：

① 顺毛排料

对于绒毛较长、倒伏较重的衣料，如顺毛大衣呢、人造毛皮、兔毛呢等，必须顺毛排料画样，以免倒毛排料显露绒毛空隙而影响外观，而且容易聚集灰尘。

② 倒毛排料

对于绒毛较短如灯心绒织物，为了毛色顺和应采用倒毛（逆毛向上）排料。

③ 组合排料

对一些绒毛倒向不明显或没有明确要求的衣料，为了节约衣料，可以一件倒排、一件顺排进行套排画样。

但是，在同一件产品中的各个部件、零件中，不论其绒毛长短和倒顺程度如何，都应与主件的倒顺一致，而不能有倒有顺。领面的倒顺毛方向，应使成品的领面翻下后与衣身绒毛的倒向保持一致。

(2) 倒顺光排料

有一些织物虽然不是绒毛状的，但由于整理时轧光等原因，有倒顺光，即织物的倒与顺亮光方向的光泽不同。一般均采用逆光向上的排料以免反光，但不允许在一件（条）或一套服装上有倒有顺地排料。

2. 倒顺花衣料的排料画样

服装面料的花型图案基本上分为两大类。一类是没有规则、没有方向性的花型图案，俗称“乱头花”、“乱花样”。对这种花型衣料画样，和素色衣料基本相同。另一种花型图案是有方向性、有规则的排列形式，如倒顺花、阴阳格、团花等图案，要根据花型特点进行画样。

倒顺花是指有显著方向性的花型图案，如人像、山、水、桥、亭、树等不可以倒置的图案。画样时必须保持图案与人体直立方向一致，应顺向画样，不能一片倒、一片顺，更不能全部倒置画样。

另外，有些面料是专用花型图案，如用于女裙、女衫上。排料不但专用性强，而且排画的位置也是基本固定的。如某些裙料，裙摆一端是专用图案，花型密集，颜色较重，越往上色越浅、花越稀。对于这类衣料，在排料画样时位置一定要固定。

3. 对条对格衣料排料画样

选用条格原料做服装，是为了外形美观，必须对条对格，任意乱画就会条格杂乱，影响外观。高档服装的对条对格要求更严格，画样时必须做到条格对称、吻合。

(1) 对条

条子衣料多为经向竖条形式，横条很少，画样对条除了左右对称外，主要是横向或斜向结构上的直丝对条，明贴袋或暗贴袋的袋盖、袋板条与衣身对条，横领面与背领口对条，挂面的拼接对条，裤后袋、前斜插袋与裤身对条，后缝斜线左右对称呈人字形条纹。

（2）对格

对格的要求更高，难度更大。除要求横缝、斜缝上下格子相对外，还要求对横条。对格画样，除左右要求对称外，主要对格的部位是：上衣的左右门襟，前后身的摆缝，后背的背缝；后领与后背；胸侧的袖子与袖窿，大袖与小袖；名贴袋或暗贴袋的袋盖、袋板条与衣身；裤子的前缝、门襟、侧缝，下裆缝的中裆以下；后袋盖、斜插袋、横插袋与裤身，都要求对格。驳领两片挂面格要对称，左右袋嵌线格要对称等。

由于对条、对格费时、费工、费料，在实际生产中，要根据原料的价格和款式以及客户要求，对高、中、低档产品要求的程度有所区别。一般低档产品可以只对门襟、里襟、摆缝，以及裤子的侧缝、直裆等部位对条、对格。

（3）对条、对格方法

方法主要有两种：一种是在画样时，将需要对条、对格的部位条格画准。这种画法在铺料时一定要采取对格、对条的铺料方法，否则在画样一层以下的各层裁片的条格就难以对准，布服装一般采取这种画样方法。另一种画样方法是将对条、对格的其中一片画准，将另一片采取放格的方法，开刀时裁下毛坯，然后再将两片对称、吻合劈剪。这种方法精确度虽高，但费工、费料。一般在高档服装画样时才使用。

为了避免原料纬斜和条格稀密不匀而影响对条、对格质量，画样时尽可能将需要对格的部件合在同一纬度。

袖子与大身对格、对条，一般是对横不对直。对横时要准确，计算袖山头层势，有三种方法：

① 根据前衣身外肩斜，将袖山低 2cm 与衣身横格相对。

② 将大袖样板丝缕归直，按前衣片对横格配袖片。

③ 在衣身胸围线以上 2cm 处画一条线，然后将这条线与袖深线重叠配大袖片。

（4）对条、对格画样次序

先画出前片（衣片、裤片），再按条格画出后片及其他部位、部件，依次是：以前摆缝的条格为准，排画后片；再按前袖窿、胸侧条格为准排大袖片，按大袖条格画小袖；领面按背缝找准条、格；贴袋暗袋的袋盖、袋板条以前身的袋位条格为准画排；裤子也是以前片的侧缝及下裆缝的条格为准画出后片及其他部位。

（5）国家标准中对各种服装主要品种对条、对格技术要求

国家服装标准中对男女衬衫，男女单服，男女毛呢上衣、大衣，男女毛呢裤都有明确而严格的对条、对格技术标准要求。综合列表见表 2-7、表 2-8，供排料画样时参考。

表 2-7　男女衬衫、男女单服面料有明显条、格在 1cm 以上的对条、对格规定

单位：cm

品种	部位	对条、对格规定	备　注
男女衬衫	左右前身	条料顺直，格料对横，两片互比条、格差不大于0.4	遇格子大小不一致时，以前身长1/3上部为主
	袋与前身	条料对条，格料对格，两者互比条格差不大于0.3	遇格子大小不一致时，以袋前部的中心为准
	斜料双袋	左右对称，互比条格差不大于0.5	以明显条格为主（阴阳条格例外）
	左右领尖	条格对称，互比条格差不大于0.3	遇有阴阳条格，以明显条格为主
	袖头	左右袖头，条格料以直条对称，互比差不大于0.3	以明显条格为主
	后过肩	条料顺直，两端互比差不大于0.4	
	长袖	格料袖，以袖山为准，两袖对称，互比差不大于1	5cm 以下格料不对横
	短袖	格料袖，以袖口为准，两袖对称，互比差不大于0.5	3cm 以下格料不对横
男女单上衣	左右前身	条料基本顺直，格料对横，两者互比差不大于0.4	遇格子大小不一致时，以衣长1/3上部为主
	袋与前身	条料对条，格料对横，两者互比差不大于0.4，斜料贴袋，左右对称，条格差不大于0.5	阴阳条格例外。遇格子大小不一致时，以袋前部为主
	左右领尖	条格对称，互比条格差不大于0.3	遇有阴阳条格，以明显条格为主
	袖子	条料顺直，格料对横，以袖山为准，两袖对称，互比条格差不大于1	
普通男女裤	裤侧缝	中裆线以下对横，前后片互比差不大于0.4	
	裤前中线	条料顺直，条纹允斜不大于2	

表 2-8　男女毛呢上衣、大衣、裤子料子明显条格在 1cm 以上的对条、对格规定

单位：cm

品种	部位	对条、对格规定	
		高　档	中　档
男毛呢上衣、大衣	左右前身	由上至下第四眼位（中山服）起，条料顺直，每片条纹倾斜不大于 0.3	由上至下第四眼位（中山服）起，条料顺直，每片条纹倾斜不大于 0.3
	袋与前身	条料对条，格料对格，两者互比条格差不大于 0.2	对条对格，袋与衣身差不大于 0.3
	袖与前身	格料对横，袖与身互比格差不大于 0.4	格料对横，互比格差不大于 0.6
	背缝	以上部为准，条料对条，格料对格，背缝两片互比差不大于 0.2	以上部为准，条料对条，格料对格，背缝两片互比差不大于 0.2
	领子驳头	条格料，领尖、驳头左右对称，两边互比差不大于 0.3	条格料，领尖、驳头左右对称，两边互比差不大于 0.2
	上衣侧缝	格料对横，前后片对格差不大于 0.3	格料对横，前后片对格差不大于 0.3
	袖子	条格顺直，以袖山为准，两袖对称，两袖互比差不大于 0.5	条格顺直，以袖山为准，两袖对称，两袖互比差不大于 0.5
女毛呢上衣、大衣	左右前身	胸部以下条料顺直，格料对横，两片对条对格，互比差不大于 0.3，斜料对称	胸部以下条料顺直，格料对横，两片对条对格，互比差不大于 0.3
	袋与前身	条料对条，格料对格，袋与身互比差不大于 0.2，斜料对换，两者互比差不大于 0.4	条料对条，格料对格，袋与身互比差不大于 0.2，斜料对换，两者互比差不大于 0.4
	袖与前身	格料对横，袖与身互比格差不大于 0.4	格料对横，袖与身互比格差不大于 0.4
	背缝	以上部为准，条料对条，格料对格，两片对条、对格互比差不大于 0.2	以上部为准，条料对条、格料对格，两片对条、对格互比差不大于 0.2
	领子驳头	条格料，领尖、驳头左右对称，两边互比差不大于 0.3	条格料，领尖、驳头左右对称，两边互比差不大于 0.3
	袖子	条格顺直，以袖山为准，两袖对称，两袖互比差不大于 0.5	条格顺直，以袖山为准，两袖对称，两袖互比差不大于 0.5
	上衣侧缝	格料对横，前身后片对格差不大于 0.3	格料对横，前身后片对格差不大于 0.3
男、女毛呢裤	裤侧缝	侧缝袋口 10cm 以下，格料对横，前后片对格差不大于 0.3	侧缝袋口 10cm 以下，格料对横，前后片对格差不大于 0.3
	前后下裆缝	条料对称，格料对横，前后互比差不大于 0.4	条料对称，格料对横，前后互比差不大于 0.4
	袋盖与后身	条料对条，格料对格，两者互比差不大于 0.3	条料对条，格料对格，两者互比对格差不大于 0.3

4．对花衣料排料画样

对花是指衣料上的花型图案，经过缝制成为服装后，其明显的部位组合处的花型图案，仍要保持一定程度的完整性或呈一定的排列。对花的花型，一般都是丝织品上较大的团花，如龙、凤及福、禄、寿字等不可分割的团花图案。对花是我国传统服装的特点之一。

排画对花产品，首先要计算好花型的组合。如前身两片在门襟前要对花，在画样时要画准。对花的主要部位有两前襟、背缝、袖中缝，领后对背中，口袋对衣身等。由于花型图案的大小、距离各不相同，在排料画样时应首先安排好胸部、背部花型图案的上下位置和间隔。一般要把图案和花型在前门襟及背缝上取中切合以保持花型完整。具体要求如下：

（1）花型图案不得颠倒，有文字的以主要文字图案为标准，无文字的以主要花纹、花型为准。

（2）花型图案倒顺处理：花型有方向性的要全部顺向排画。花型中有倒有顺，但其中文字图案则力求顺向排画。花纹中大部分无明显倒顺，但某一主体花纹、花型不得倒置排画。花纹中有倒有顺或全部无明显倒顺，允许两件套排一倒一顺，但在同一件内不可有倒有顺。

（3）前身左右两衣片在胸部位置排花、团花要求对准。

（4）两袖的排花、团花要对前身的排花、团花，散花可以不对。

（5）团花和散花的排花，只对横排不对直排。

（6）对花允许误差：排花高低误差不大于2cm，团花拼接误差不大于0.5cm。

5. 有色差的衣料排料画样

衣料色差有四种情况：同色号中各匹布料之间的色差，同匹衣料左、中、右之间的色差（俗称深浅边），同匹衣料中前后段的色差（俗称尾色差），素色衣料正反面的色差。后三种色差与服装排料画样关系较大。色差排料画样的要求如下：

（1）两边色差画样

注意大部件与零部件中需要配合的裁片（特别是要缝合的裁片）靠近在一边排料画样，并做好组合搭配标记。

（2）两端色差画样

画样套排不宜拉得过长，特别是需要组合的裁片和部件尽可能排画在同一纬度上。

（3）正反面色差的素色料画样

注意认清正面、反面，防止搞错。

（4）色差所允许的部位

色差，即衣料各部位颜色深浅存在差异的程度，以等级划分，它是和色牢度相关的指标，按有关标准规定为1～5级。等级越小，如1级，表示染色的色牢度极差，与合格的颜色相比，色差大，基本上属于次品；等级越高，如4级、5级，则表示染色好，色牢度高，色差较小。按国家服装标准规定，各类服装各个部位允许色差存在的等级如下：

男女呢、绒服装：主要表面部位色差不低于4～5级，其他部位不低于4级。主要部位基本上不允许有色差。

布服装：表面部位不低于4级。

衬衫：表面部位不低于4级。

丝绸服装：门襟、前身、背缝、袖中缝、贴袋色差在4级以上，其余部位4级。基本上不允许有色差。

排料画样后，要对排料画样图进行全面、细致的检查。首先，将各部位的全套样板收齐、归类、清点，检查是否按照样板画齐配准；其次，检查画样丝缕和画样线条是否准确无误，各种标记符号是否画齐，然后做好书面记录，将整个图板交给铺料工序。

六、文字标注

样板制好后,还要附以必要的文字说明,以便使用和归档保存。

1. 文字标注内容

(1) 产品名称及编号。

(2) 产品号型规格。

(3) 样板部件名称(标明各部件、面、里、衬、袋布以及工艺净样板等各式样板)。

(4) 不对称的样板需标明左右、上下、正反等标记。

(5) 通用部件或面里料的部件,如袋口垫布、袢带等应注明每件的片数。

(6) 需对折的部位,其边应标注说明。

(7) 需要利用衣料光边的部件,应标明边位。

2. 标字要求

(1) 标字常用的外文字母和阿拉伯数字应尽量用单字图章拼盖,其余文字应用正楷或仿宋字体书写。

(2) 字体应端正、整洁,勿潦草、涂改。

第三节　服装工艺板

一、定型板

定型板一般采用不加放缝头的净样板,故亦称"净板"。多用于领子、驳头、口袋、袖头等小部件,是对外形有严格控制的一种工艺样板。

根据不同的使用方法又可分为三种:

1. 画线净板

画线净板常用于画某部件翻边止口的准确位置线,如画离子缉线止口,使用时将净领样板放在领子毛样工件中央,然后用铅笔沿净样板轮廓勾画出净样止口线,缝制时严格按此线缉线,使工件完全与净样相同,达到定型目的。

2. 缉线净板

缉线用净样板是为了使在缉线时线路完全与样板相符,如圆角、转弯部位等,当未采用画线时,可用缉线净板一步到位。使用时将净样板覆于工件缉线位置之上,然后紧靠样板边缘缉线,使所缉线位完全与样板相同,同样达到定形作用。但此操作样板与工件易移动,为了防止误差,一般将缉线净板用纱布制成,增加其摩擦力,提高准确度。

3. 扣边净板

扣边净板系用于某些止口只需单缉明线而不缉暗线的部件,如贴袋等。使用时将扣边净板置于工件的反面，周围留出所需的缝份，然后用熨斗将缝份折向净板，使止口边烫倒、折光，保证了工件与样板的一致性，达到定形目的，见图 2-11。

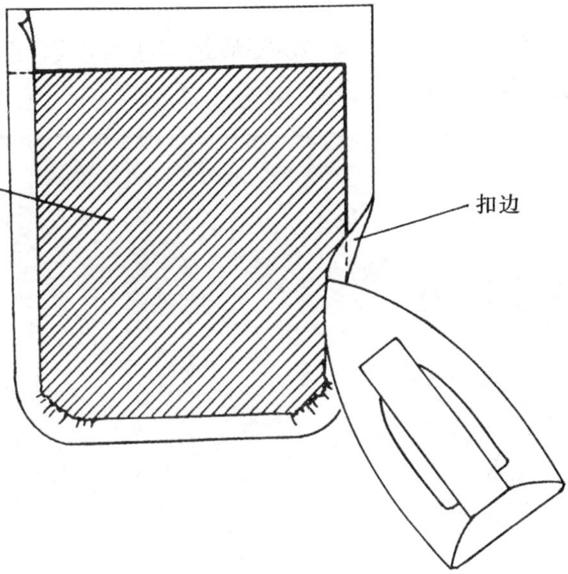

图 2-11　扣边净板

二、修剪板

修剪板是用来修剪工件用的，一般为毛板，有些工件由于对条、对格的要求，在裁剪时有意放大，以便修正，这时可用原裁剪板，整板修正。另外，某些工件由于烫缩变形，其经纬丝缕严重歪斜，需要进行局部修正，则可取裁剪样板中需修正的部位做修剪板，按样板清剪修正，使其恢复原有形状，符合规格尺寸要求。

三、定位板

定位板是用来确定工件的某些部位或部件位置所用的板，主要用于无法用锥眼、刀口定位的工件，对产品外观质量要求高的高档产品，如产品工件的省道、袋位、扣位等的定位。定位板一般有毛板和净板两种，对于成品定位，如扣眼等一般用净板，对于衣片或半成品的定位通常用毛板，如袋位、省道等定位，见图 2-12。

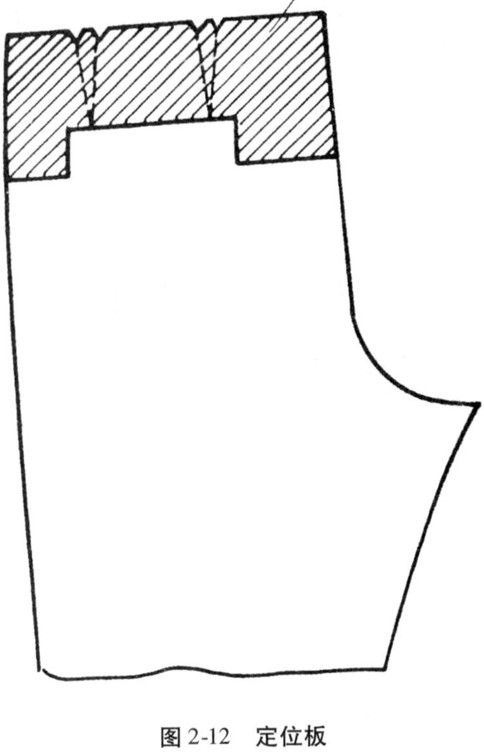

图 2-12　定位板

四、定量板

定量板是用于掌握一些较长部位宽度、距离的小型模板，多用于工件的折边部位，如衣服的底摆、裙摆折边等，见图 2-13。

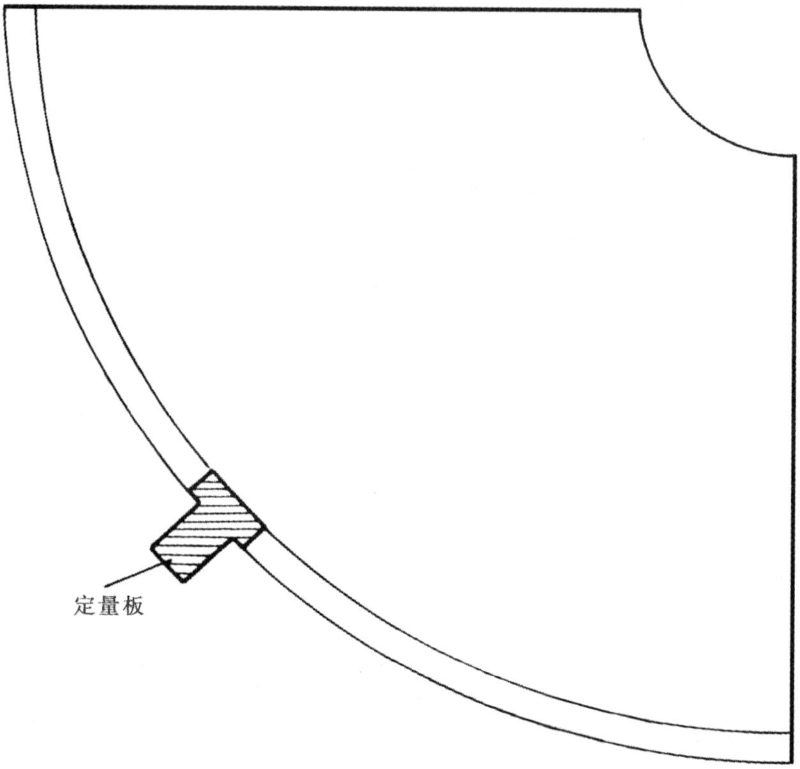

图 2-13 **定量板**

第三章

服装规格系列设置

第一节　规格系列的产生

服装工业推板是按照国家标准号型设计成衣规格，根据成品规格制出服装基础样板，即母板，然后以母板为基础，在母板的各部位按系数分配数值，扩缩出系列样板。由此可见，规格、母板及各部位的扩缩系数，是服装工业推板的重要依据。

一、服装号型简介

目前，我国执行的服装号型标准是 GB 1335—1997《服装号型》。本标准依据 GB/T1. 1—1993《标准化工作导则》的要求进行修订。在修订中参考了国际标准技术文件 ISO/TR 10652《服装标准尺寸系统》、日本标准 JIS 14004《成人男子服装尺寸》、JISL 4005《成人女子服装尺寸》等国外先进标准。本标准从 1998 年 6 月起实施，同时代替 GB 1335. 1—1991 标准。

新的标准号型具有以下特点：

（1）将男、女号型系列标准由强制实施标准，改为非强制的推荐标准，但这绝不意味着服装工业企业可以不执行国家标准或随意降低标准。如企业不执行国家标准，也必须执行行业标准或企业标准。但国家规定：企业标准应高于行业标准，行业标准应高于国家标准。由此可见，企业仍应以国家标准进行服装工业化生产。

（2）从企业的实际考察发现，号型系列越细、越复杂，就越不利于企业的生产操作和管理，于是新的标准号型取消了 5·3 号型系列。5·4 号型是与国际接轨的标准，下装的 5·2 号型系列正好满足上装号型的配套。

（3）在 1992 年儿童（80～130cm、135～160cm）号型系列的基础上，增加了 52～80cm 身高号型，身高以 7cm 分档，胸围以 4cm 分档，腰围以 3cm 分档，构成上装 7·4 号型系列、下装7·3号型系列。

以上特点表明,我国的服装工业化生产更加适应国际化的需要,加速了现代工业生产的步伐。

二、号型系列国家标准

号型系列标准属于技术标准中的一种,它是工业部门、检测部门、内外贸部门及科研部门共同遵守的技术依据。技术标准按其使用范围的不同,一般可分为四个层次:国际、国家、行业及企业标准。

(1)国际标准:国际标准化组织简称为ISO,其中有"服装规格系统及其技术委员会",简称"133技术委员会"(ISO/TC133),现已公布了六项规格名称标准、三项草案及三项标准,国际标准可在全世界范围内参考使用并在相关会员国内必须执行。

(2)国家标准:我国代号为"GB",是指在我国范围内必须统一贯彻执行的技术标准,对全国经济技术发展有重大意义,目前工业系统中已有近20项国家标准。

(3)行业标准也称专业标准:我国代号为"ZB"或"FZ",是指在有关行业部门范围内,必须贯彻执行的技术标准,亦是国家标准的预备标准,目前国内已有10余项行业标准。

(4)企业标准:我国代号为"QB",一般有两种情况:一是指企业生产的产品没有国家标准、行业标准及地方标准,企业自定标准,仅限于本企业范围内适用,但需要报有关部门备案;二是企业为了提高质量,自行规定高于国家标准或行业标准的企业标准。

截至2000年8月底,由国家质量技术监督局、国家纺织工业局、国家出入境检验检疫局(原国家进出口商品检验局)批准、发布的现行服装工业常用的国家标准、行业标准62个,供服装行业生产、贸易、监督检验、科研及标准部门参考使用。

三、曾用国家标准服装号型

我国曾经使用过的服装号型国家标准有GB1335—81和GB1335—91。

GB1335—81标准是根据1974~1975年全国人体体型测量的数据结果,找出全国人体体型的规律后制定的。该标准于1981年10月正式发布,并于1982年开始在全国范围内正式实施。根据我国服装生产、经营和消费水平的变化,为了弥补GB1335—81标准的不足之处,于1986年开始对GB1335—81进行修订,并于1991年9月完成了GB1335—91服装号型标准的制定工作,1992年4月正式实施。这是我国服装生产技术领域的一项重大科技成就,标志着我国服装号型标准进入世界先进行列。

GB1335—91服装号型标准首次根据人体胸围尺寸的差数将人体划分为Y、A、B、C四种体型,即瘦体型、标准体型、微胖体型和胖体型。这四种体型比较全面地反映了我国人体体型变化的规律,从而为服装工业生产提供了较为细致准确的数值依据,为成衣产品达到较好的适体性提供了科学的依据。四种体型的划分也解决了上、下装配套问题,弥补了GB1335—81《服装号型》在该方面的不足。

GB1335—91服装标准在制定的过程中,运用了科学的测量、取样、统计分析方法,保证了精度和科学性,其覆盖率为95.46%,具有极大的可行性,从而使GB1335—91服装号型标准具备了国际水平。

四、新的服装号型系列标准在工业生产中的作用

（1）新的服装号型系列标准是我国服装工业化生产中检验质量、制定规格、提高效率及技术交流的依据。

（2）新的服装号型系列标准标志着我国服装行业又向工业化、社会化迈进了一步。

（3）新的服装号型系列标准为我国服装业与国际接轨、参与国际市场竞争拓宽了道路。

五、服装号型的概念和体型分类

（1）号：指人体的身高，以 cm 为表示单位，是设计和选购服装长短的依据。

（2）型：指人体的上身胸围或下体腰围，以 cm 为单位，是设计和选购服装肥瘦的依据。

（3）体型分类：是以人体的胸围与腰围的差数为依据来划分体型，并将体型分为四类。体型分类代号分别为 Y、A、B、C，男子、女子体型分类与范围见表 3-1、表 3-2。

表 3-1 男子、女子体型分类与范围 单位：cm

体形 性别	Y	A	B	C
男子胸腰差	22 ~ 17	16 ~ 12	11 ~ 7	6 ~ 2
女子胸腰差	24 ~ 19	18 ~ 14	13 ~ 9	8 ~ 4

也就是说：男子胸腰差在 22 ~ 17cm 的属于 Y 体型，胸腰差在 16 ~ 12cm 的属于 A 体型，胸腰差在 11 ~ 7cm 的属于 B 体型，胸腰差在 6 ~ 2cm 的属于 C 体型。

女子胸腰差在 24 ~ 19cm 的属于 Y 体型，胸腰差在 18 ~ 14cm 的属于 A 体型，胸腰差在 13 ~ 9cm 的属于 B 体型，胸腰差在 8 ~ 4cm 的属于 C 体型。

表 3-2 男女体型的中间体的身高/胸围 单位：cm

体形 性别	Y	A	B	C
男	170/88	170/88	170/92	170/96
女	160/84	160/84	160/88	160/88

表 3-3 全国成年男子、女子体型在总量中的比例 单位：%

体型	Y	A	B	C	不属于所列四种体型
男子体型占总量比例	20.98	39.21	28.65	7.92	3.24
女子体型占总量比例	14.82	44.13	33.72	6.45	0.88

第二节 服装号型系列设置

一、分档范围

1. 基本部位规格分档范围

人体尺寸规格分布是在一定范围内的，号型标准不包括所有的穿着者，只包括绝大多数穿着者。因此，服装号型对身高、胸围和腰围确定了分档范围，超出此范围的属于特殊体型，见表3-3。

表3-3 基本部位规格分档范围 单位：cm

	身高	胸围	腰围
女子	145～175	68～108	50～102
男子	150～185	72～112	56～108

2. 中间体

根据人体测量数据，按部位求得平均数，并参考各部位的平均数确定号型标准的中间体。人体基本部位测量数据的平均值和基本部位的中间体确定值，见表3-4、表3-5。一般情况下，应尽量以成衣规格的中间号型制作母板，以减少放缩时产生的累计误差。

表3-4 人体基本部位平均值 单位：cm

	部位	Y	A	B	C
女子	身高	157.13	157.11	156.16	154.89
	胸围	83.43	82.26	83.03	85.78
男子	身高	169.16	169.03	165.14	166.01
	胸围	86.79	84.76	86.48	91.22

表3-5 人体基本部位中间体确定值 单位：cm

	部位	Y	A	B	C
女子	身高	160	160	160	160
	胸围	84	84	88	88
男子	身高	170	170	170	170
	胸围	88	88	92	96

二、服装号型系列标准的标注和应用

1. 号型系列分配

号型系列分配是以各体型中间体为中心,依次向两边递增或递减组成的。分档原则是:身高以5cm分档,胸围以4cm分档,腰围以4cm或2cm分档。身高与胸围搭配组成5·4系列,身高与腰围搭配组成5·4、5·2系列。其中男子的号以150~185cm设置范围组成系列;女子的号以145~175cm设置范围组成系列;儿童(不分体型)分为三个年龄身高段,以不同分档组成系列。婴幼儿段身高以7cm分档,以52~80cm设置范围组成系列;中童段以身高10cm分档,以80~130cm设置范围组成系列;大童段因身高已接近成年,则分为男、女系列,大男童的号以5cm分档,以135~160cm设置范围组成系列;大女童的号以5cm分档,并以135~155cm为设置范围组成系列。男子、女子、儿童服装号型系列组合,见表3-6、表3-7、表3-8。

表3-6　男子分体型号型系列搭配组合表　　单位:cm

Y(5·4、5·2Y号型系列)														
身高 / 腰围 / 胸围	155		160		165		170		175		180		185	
76			56	58	56	58	56	58						
80	60	62	60	62	60	62	60	62	60	62				
84	64	66	64	66	64	66	64	66	64	66	64	66		
88	68	70	68	70	68	70	68	70	68	70	68	70	68	70
92			72	74	72	74	72	74	72	74	72	74	72	74
96					76	78	76	78	76	78	76	78	76	78
100							80	82	80	82	80	82	80	82

A(5·4、5·2A号型系列)																					
身高 / 腰围 / 胸围	155			160			165			170			175			180			185		
72				56	58	60	56	58	60												
76	60	62	64	60	62	64	60	62	64	60	62	64									
80	64	66	68	64	66	68	64	66	68	64	66	68	64	66	68						
84	68	70	72	68	70	72	68	70	72	68	70	72	68	70	72	68	70	72	68	70	72
88	72	74	76	72	74	76	72	74	76	72	74	76	72	74	76	72	74	76	72	74	76
92				76	78	80	76	78	80	76	78	80	76	78	80	76	78	80	76	78	80
96							80	82	84	80	82	84	80	82	84	80	82	84	80	82	84
100										84	86	88	84	86	88	84	86	88	84	86	88

续表

B(5·4、5·2B 号型系列)																
腰围／身高／胸围	150		155		160		165		170		175		180		185	
72	62	64	62	64	62	64										
76	66	68	66	68	66	68	66	68								
80	70	72	70	72	70	72	70	72	70	72						
84	74	76	74	76	74	76	74	76	74	76	74	76				
88			78	80	78	80	78	80	78	80	78	80	78	80		
92			82	84	82	84	82	84	82	84	82	84	82	84	82	84
96					86	88	86	88	86	88	86	88	86	88	86	88
100							90	92	90	92	90	92	90	92	90	92
104									94	96	94	96	94	96	94	96
108											98	100	98	100	98	100

C(5·4、5·2C 号型系列)																
腰围／身高／胸围	150		155		160		165		170		175		180		185	
76			70	72	70	72	70	72								
80	74	76	74	76	74	76	74	76	74	76						
84	78	80	78	80	78	80	78	80	78	80	78	80				
88	82	84	82	84	82	84	82	84	82	84	82	84	82	84		
92			86	88	86	88	86	88	86	88	86	88	86	88	86	88
96			90	92	90	92	90	92	90	92	90	92	90	92	90	92
100					94	96	94	96	94	96	94	96	94	96	94	96
104							98	100	98	100	98	100	98	100	98	100
108									102	104	102	104	102	104	102	104
112											106	108	106	108	106	108

表 3-7　女子分体型号型系列搭配组合表　　单位：cm

Y(5·4、5·2Y 号型系列)														
腰围／身高／胸围	145		150		155		160		165		170		175	
72	50	52	50	52	50	52	50	52						
76	54	56	54	56	54	56	54	56	54	56				
80	58	60	58	60	58	60	58	60	58	60	58	60		
84	62	64	62	64	62	64	62	64	62	64	62	64	62	64
88	66	68	66	68	66	68	66	68	66	68	66	68	66	68
92			70	72	70	72	70	72	70	72	70	72	70	72
96					74	76	74	76	74	76	74	76	74	76

续表

A(5·4、5·2A 号型系列)

胸围 \ 腰围 \ 身高	145			150			155			160			165			170			175		
72				54	56	58	54	56	58	54	56	58									
76	58	60	62	58	60	62	58	60	62	58	60	62	58	60	62						
80	62	64	66	62	64	66	62	64	66	62	64	66	62	64	66	62	64	66			
84	66	68	70	66	68	70	66	68	70	66	68	70	66	68	70	66	68	70	66	68	70
88	70	72	74	70	72	74	70	72	74	70	72	74	70	72	74	70	72	74	70	72	74
92				74	76	78	74	76	78	74	76	78	74	76	78	74	76	78	74	76	78
96							78	80	82	78	80	82	78	80	82	78	80	82	78	80	82

B(5·4、5·2B 号型系列)

胸围 \ 腰围 \ 身高	145		150		155		160		165		170		175	
68			56	58	56	58	56	58						
72	60	62	60	62	60	62	60	62	60	62				
76	64	66	64	66	64	66	64	66	64	66				
80	68	70	68	70	68	70	68	70	68	70	68	70		
84	72	74	72	74	72	74	72	74	72	74	72	74	72	74
88	76	78	76	78	76	78	76	78	76	78	76	78	76	78
92	80	82	80	82	80	82	80	82	80	82	80	82	80	82
96			84	86	84	86	84	86	84	86	84	86	84	86
100					88	90	88	90	88	90	88	90	88	90
104							92	94	92	94	92	94	92	94

C(5·4、5·2C 号型系列)

胸围 \ 腰围 \ 身高	145		150		155		160		165		170		175	
68	60	62	60	62	60	62								
72	64	66	64	66	64	66	64	66						
76	68	70	68	70	68	70	68	70						
80	72	74	72	74	72	74	72	74	72	74				
84	76	78	76	78	76	78	76	78	76	78	76	78		
88	80	82	80	82	80	82	80	82	80	82	80	82		
92	84	86	84	86	84	86	84	86	84	86	84	86	84	86
96			88	90	88	90	88	90	88	90	88	90	88	90
100			92	94	92	94	92	94	92	94	92	94	92	94
104					96	98	96	98	96	98	96	98	96	98
108							100	102	100	102	100	102	100	102

表 3-8　儿童服装号型系列组合表

单位：cm

号	型		
	身高 52～80cm 婴儿上装号型系列		
52	40		
59	40	44	
66	40	44	48
73		44	48
80			48

号	型		
	身高 52～80cm 婴儿下装号型系列		
52	41		
59	41	44	
66	41	44	47
73		44	47
80			47

号	型				
	身高 80～130cm 儿童上装号型系列				
80	48				
90	48	52	56		
100	48	52	56		
110		52	56		
120		52	56	60	
130			56	60	64

号	型				
	身高 80～130cm 儿童下装号型系列				
80	47				
90	47	50			
100	47	50	53		
110		50	53		
120		50	53	56	59
130			53	56	

号	型					
	身高 135～160cm 男童上装号型系列					
135	60	64	68			
140	60	64	68			
145		64	68	72		
150		64	68	72		
155			68	72	76	
160				72	76	80

号	型					
	身高 135～160cm 男童下装号型系列					
135	54	57	60			
140	54	57	60			
145		57	60	63		
150		57	60	63		
155			60	63	66	
160				63	66	69

号	型					
	身高 135～155cm 女童上装号型系列					
135	56	60	64			
140		60	64			
145			64	68		
150			64	68	72	
155				68	72	76

号	型					
	身高 135～155cm 女童下装号型系列					
135	49	52	55			
140		52	55			
145			55	58		
150			55	58	61	
155				58	61	64

2. 服装号型的标注

服装号型的标注方法：

(1) 号/型+体型分类代码。例如，男上装170/88A、170/92B；女上装160/84A、160/88B等。

(2) 服装商品套装中，上、下装必须分别标注。上装型指的是胸围，下装型指的是腰围。例如，男下装170/74A、170/84B；160/68A、160/78B等。

(3) 在服装结构设计制图时，先明确标注服装的号型，然后确定成品的规格。

3. 服装号型的应用

服装上“号”的标注数值，表示该服装适用于身高与此号相接近的人。例如，160号适用于身高158～162cm的人，170号适用于身高168～172cm的人。

服装上“型”的标注数值，表示该服装适用于胸围或腰围与此号相接近的人。例如，上装88型适用于胸围82～85cm的人，下装68型适用于腰围67～69cm的人。

服装上的“体型分类代码”，表示该服装适用于胸围或腰围与此型相接近及胸围与腰围之差数在此范围之内的人。例如，上装男88A表示该服装适用于胸围与腰围之差在12～16cm的人，女下装68A表示该服装适用于胸围与腰围之差在14～18cm的人。

中国标准号型各系列控制部位数值：

控制部位数值是指人体主要部位的数值(净体数值)，是根据号型中间体各部位数值和系列分档数值进行排列的。它是设计服装规格的依据，也为制定服装规格提供方便，服装设计人员可在控制部位数值上加放松量来制定成品的规格。以下提供男女服装及儿童服装号型分档数值及系列控制部位表，见表3-9、表3-10、表3-11、表3-12、表3-13、表3-14。

表 3-9　男子服装号型各系列分档数值

单位：cm

体型	Y								A							
部位	中间体		5·4 系列		5·2 系列		身高①、胸围②、腰围③每增减 1cm		中间体		5·4 系列		5·2 系列		身高①、胸围②、腰围③每增减 1cm	
	计算数	采用数	计算数	采用数	计算数	采用数	计算数	采用数	计算数	采用数	计算数	采用数	计算数	采用数	计算数	采用数
身高	170	170	5	5	5	5	1	1	170	170	5	5	5	5	1	1
颈椎点高	144.8	145.0	4.51	4.00			0.90	0.80	145.1	145.0	4.50	4.00	4.00		0.90	0.80
坐姿颈椎点高	66.2	66.5	1.64	2.00			0.33	0.40	66.3	66.5	1.86	2.00			0.37	0.40
全臂长	55.4	55.5	1.82	1.50			0.36	0.30	55.3	55.5	1.71	1.50			0.34	0.30
腰围高	102.6	103.0	3.35	3.00	3.35	3.00	0.67	0.60	102.3	102.5	3.11	3.00	3.11	3.00	0.62	0.60
胸围	88	88	4	4			1	1	88	88	4	4			1	1
颈围	36.3	36.4	0.89	1.00			0.22	0.25	37.0	36.8	0.98	1.00			0.25	0.25
总肩宽	43.6	44.0	1.97	1.20			0.27	0.30	43.7	43.6	1.11	1.20			0.29	0.30
腰围	69.1	70.0	4	4	2	2	1	1	74.1	74.0	4	4	2	2	1	1
臀围	87.9	90.0	2.99	3.20	1.50	1.60	0.75	0.80	90.1	90.0	2.91	3.20	1.50	1.60	0.73	0.80
体型	B								C							
部位	中间体		5·4 系列		5·2 系列		身高①、胸围②、腰围③每增减 1cm		中间体		5·4 系列		5·2 系列		身高①、胸围②、腰围③每增减 1cm	
	计算数	采用数	计算数	采用数	计算数	采用数	计算数	采用数	计算数	采用数	计算数	采用数	计算数	采用数	计算数	采用数
身高	170	170	5	5	5	5	1	1	170	170	5	5	5	5	1	1
颈椎点高	145.5	145.5	4.54	4.00			0.90	0.80	146.1	146.0	4.57	4.00			0.91	0.80
坐姿颈椎点高	66.9	67.0	2.01	2.00			0.40	0.40	67.3	67.5	1.98	2.00			0.40	0.40
全臂长	55.3	55.5	1.72	1.50			0.34	0.30	55.4	55.5	1.84	1.50			0.37	0.30
腰围高	101.9	102.0	2.98	3.00	2.98	3.00	0.60	0.60	101.6	102.0	3.00	3.00	3.00	3.00	0.60	0.60
胸围	92	92	4	4			1	1	96	96	4	4			1	1
颈围	38.2	38.2	1.13	1.00			0.28	0.25	39.5	39.6	1.18	1.00			0.30	0.25
总肩宽	44.5	44.4	1.13	1.20			0.28	0.30	45.3	45.2	1.18	1.20			0.30	0.30
腰围	82.8	84.0	4	4	2	2	1	1	92.6	92.0	4	4	2	2	1	1
臀围	94.1	95.0	3.04	2.80	1.52	1.40	0.76	0.70	98.1	97.0	2.91	2.80	1.46	1.40	0.73	0.70

① 身高所对应的高度部位是颈椎点高、坐姿颈椎点高、全臂长、腰围高。

② 胸围所对应的围度部位是颈围、总肩宽。

③ 腰围所对应的围度部位是臀围。

表 3-10 女子服装号型各系列分档数值

单位：cm

体型	Y								A							
部位	中间体		5·4 系列		5·2 系列		身高①、胸围②、腰围③每增减 1cm		中间体		5·4 系列		5·2 系列		身高①、胸围②、腰围③每增减 1cm	
	计算数	采用数	计算数	采用数	计算数	采用数	计算数	采用数	计算数	采用数	计算数	采用数	计算数	采用数	计算数	采用数
身高	160	160	5	5	5	5	1	1	160	160	5	5	5	5	1	1
颈椎点高	136.2	136.0	4.46	4.00			0.89	0.80	136.0	136.0	4.53	4.00			0.91	0.80
坐姿颈椎点高	62.6	62.5	1.66	2.00			0.33	0.40	62.6	62.5	1.65	2.00			0.33	0.40
全臂长	50.4	50.5	1.66	1.50			0.33	0.30	50.4	50.5	1.70	1.50			0.34	0.30
腰围高	98.2	98.0	3.34	3.00	3.34	3.00	0.67	0.60	98.1	98.0	3.37	3.00	3.37	3.00	0.68	0.60
胸围	84	84	4	4			1	1	84	84	4	4			1	1
颈围	33.4	33.4	0.73	0.80			0.18	0.20	33.7	33.6	0.78	0.80			0.20	0.20
总肩宽	39.9	40.0	0.70	1.00			0.18	0.25	39.9	39.4	0.64	1.00			0.16	0.25
腰围	63.6	64.0	4	4	2	2	1	1	68.2	68	4	4	2	2	1	1
臀围	89.2	90.9	3.12	3.60	1.56	1.80	0.78	0.90	90.9	90.0	3.18	3.60	1.60	1.80	0.80	0.90
体型	B								C							
部位	中间体		5·4 系列		5·2 系列		身高①、胸围②、腰围③每增减 1cm		中间体		5·4 系列		5·2 系列		身高①、胸围②、腰围③每增减 1cm	
	计算数	采用数	计算数	采用数	计算数	采用数	计算数	采用数	计算数	采用数	计算数	采用数	计算数	采用数	计算数	采用数
身高	160	160	5	5	5	5	1	1	160	160	5	5	5	5	1	1
颈椎点高	136.3	136.5	4.57	4.00			0.92	0.80	136.5	136.5	4.48	4.00			0.90	0.80
坐姿颈椎点高	63.2	63.0	1.81	2.00			0.36	0.40	62.7	62.5	1.80	2.00			0.35	0.40
全臂长	50.5	50.5	1.68	1.50			0.34	0.30	50.5	50.5	1.60	1.50			0.32	0.30
腰围高	98.0	98.0	3.34	3.00	3.30	3.00	0.67	0.60	98.2	98.0	3.27	3.00	3.27	3.00	0.65	0.60
胸围	88	88	4	4			1	1	88	88	4	4			1	1
颈围	34.7	34.6	0.81	0.80			0.20	0.20	34.9	34.8	0.75	0.80			0.19	0.20
总肩宽	40.3	39.8	0.69	1.00			0.17	0.25	40.5	39.2	0.69	1.00			0.17	0.25
腰围	76.6	78.0	4	4	2	2	1	1	81.9	82	4	4	2	2	1	1
臀围	94.8	96.0	3.27	3.20	1.64	1.60	0.82	0.80	96.0	96.0	3.33	3.20	1.66	1.60	0.83	0.80

① 身高所对应的高度部位是颈椎点高、坐姿颈椎点高、全臂长、腰围高。

② 胸围所对应的围度部位是颈围、总肩宽。

③ 腰围所对应的围度部位是臀围。

表 3-11　儿童服装号型各系列分档数值　　单位：cm

身高 80～130cm 儿童控制部位数值

部位＼数值＼号		80	90	100	110	120	130
长　度	身　高	80	90	100	110	120	130
	坐姿颈椎点高	30	34	38	42	46	50
	全臂长	25	28	31	34	37	40
	腰围高	44	51	58	65	72	79

部位＼数值＼上装型		48	52	56	60	64
围　度	胸　围	48	52	56	60	64
	颈　围	24.20	25	25.80	26.60	27.40
	总肩宽	24.40	26.20	28	29.80	31.60

部位＼数值＼下装型		47	50	53	56	59
围　度	腰　围	47	50	53	56	59
	臀　围	49	54	59	64	69

身高 135～160cm 男童控制部位数值

部位＼数值＼号		135	140	145	150	155	160
长　度	身　高	135	140	145	150	155	160
	坐姿颈椎点高	49	51	53	55	57	59
	全臂长	44.50	46	47.50	49	50.50	52
	腰围高	83	86	89	92	95	98

部位＼数值＼上装型		60	64	68	72	76	80
围　度	胸　围	60	64	68	72	76	80
	颈　围	29.50	30.50	31.50	32.50	33.50	34.50
	总肩宽	34.60	35.80	37	38.20	39.40	40.60

部位＼数值＼下装型		54	57	60	63	66	69
围　度	腰　围	54	57	60	63	66	69
	臀　围	64	68.50	73	77.50	82	86.50

续表

身高135~155cm女童控制部位数值						
部位 \ 数值 \ 号		135	140	145	150	155
长度	身高	135	140	145	150	155
	坐姿颈椎点高	50	52	54	56	58
	全臂长	43	44.50	46	47.50	49
	腰围高	84	87	90	93	96
部位 \ 数值 \ 上装型		60	64	68	72	76
围度	胸围	60	64	68	72	76
	颈围	28	29	30	31	32
	总肩宽	33.80	35	36.20	37.40	38.60
部位 \ 数值 \ 下装型		52	55	58	61	64
围度	腰围	52	55	58	61	64
	臀围	66	70.50	75	79.50	84

表 3-12 男子服装号型各系列控制部位数值

（控制部位数值是指人体主要部位的数值，系净体数值，是设计服装规格的依据）

单位：cm

（5・4、5・2Y 号型系列控制部位数值）

部位	数值													
身高	145		150		155		160		165		170		175	
颈椎点高	124.0		128.0		132.0		136.0		140.0		144.0		148.0	
坐姿颈椎点高	56.5		58.5		60.5		62.5		64.5		66.5		68.5	
全臂长	46.0		47.5		49.0		50.5		52.0		53.5		55.0	
腰围高	89.0		92.0		95.0		98.0		101.0		104.0		107.0	
胸围	72		76		80		84		88		92		96	
颈围	31.0		31.8		32.6		33.4		34.2		35.0		35.8	
总肩宽	37.0		38.0		39.0		40.0		41.0		42.0		43.0	
腰围	50	52	54	56	58	60	62	64	66	68	70	72	74	76
臀围	77.4	79.2	81.0	82.8	84.6	86.4	88.2	90.0	91.8	93.6	95.4	97.2	99.0	100.8

（5・4、5・2A 号型系列控制部位数值）

部位	数值																				
身高	145			150			155			160			165			170			175		
颈椎点高	124.0			128.0			132.0			136.0			140.0			144.0			148.0		
坐姿颈椎点高	56.5			58.5			60.5			62.5			64.5			66.5			68.5		
全臂长	46.0			47.5			49.0			50.5			52.0			53.5			55.0		
腰围高	89.0			92.0			95.0			98.0			101.0			104.0			107.0		
胸围	72			76			80			84			88			92			96		
颈围	31.2			32.0			32.8			33.6			34.4			35.2			36.0		
总肩宽	36.4			37.4			38.4			39.4			40.4			41.4			42.4		
腰围	54	56	58	58	60	62	62	64	66	66	68	70	70	72	74	74	76	78	78	80	82
臀围	77.4	79.2	81.0	81.0	82.8	84.6	84.6	86.4	88.2	88.2	90.0	91.8	91.8	93.6	95.4	95.4	97.2	99.0	99.0	100.8	102.6

续表

（5·4、5·2B 号型系列控制部位数值）

部位	数值																			
身高	145			150			155		160			165			170			175		
颈椎点高	124.5			128.5			132.5		136.5			140.5			144.5			148.5		
坐姿颈椎点高	57.0			59.0			61.0		63.0			65.0			67.0			69.0		
全臂长	46.0			47.5			49.0		50.5			52.0			53.5			55.0		
腰围高	89.0			92.0			95.0		98.0			101.0			104.0			107.0		
胸围	68		72		76		80		84		88		92		96		100		104	
颈围	30.6		31.4		32.2		33.0		33.8		34.6		35.4		36.2		37.0		37.8	
总肩宽	34.8		35.8		36.8		37.8		38.8		39.8		40.8		41.8		42.8		43.8	
腰围	56	58	60	62	64	66	68	70	72	74	76	78	80	82	84	86	88	90	92	94
臀围	78.4	80.0	81.6	83.2	84.8	86.4	88.0	89.6	91.2	92.8	94.4	96.0	97.6	99.2	100.8	102.4	104.0	105.6	107.2	108.8

（5·4、5·2C 号型系列控制部位数值）

部位	数值																					
身高	145			150			155			160			165			170			175			
颈椎点高	124.5			128.5			132.5			136.5			140.5			144.5			148.5			
坐姿颈椎点高	56.5			58.5			60.5			62.5			64.5			66.5			68.5			
全臂长	46.0			47.5			49.0			50.5			52.0			53.5			55.0			
腰围高	89.0			92.0			95.0			98.0			101.0			104.0			107.0			
胸围	68		72		76		80		84		88		92		96		100		104		108	
颈围	30.8		31.6		32.4		33.2		34.0		34.8		35.6		36.4		37.2		38.0		38.8	
总肩宽	34.2		35.2		36.2		37.2		38.2		39.2		40.2		41.2		42.2		43.2		44.2	
腰围	60	62	64	66	68	70	72	74	76	78	80	82	84	86	88	90	92	94	96	98	100	102
臀围	78.4	80.0	81.6	83.2	84.8	86.4	88.0	89.6	91.2	92.8	94.4	96.0	97.6	99.2	100.8	102.4	104.0	105.6	107.2	108.8	110.4	112.0

表 3-13　女子服装号型各系列控制部位数值

（控制部位数值是指人体主要部位的数值，系净体数值，是设计服装规格的依据）　　单位：cm

（5·4、5·2Y 号型系列控制部位数值）

部　位	数　值													
身　高	155		160		165		170		175		180		185	
颈椎点高	133.0		137.0		141.0		145.0		149.0		153.0		157.0	
坐姿颈椎点高	60.5		62.5		64.5		66.5		68.5		70.5		72.5	
全臂长	51.0		52.5		54.0		55.5		57.0		58.5		60.0	
腰围高	94.0		97.0		100.0		103.0		106.0		109.0		112.0	
胸　围	76		80		84		88		92		96		100	
颈　围	33.4		34.4		35.4		36.4		37.4		38.4		39.4	
总肩宽	40.4		41.6		42.8		44.0		45.2		46.4		47.6	
腰　围	56	58	60	62	64	66	68	70	72	74	76	78	80	82
臀　围	78.8	80.4	82.0	83.6	85.2	86.8	88.4	90.0	91.6	93.2	94.8	96.4	98.0	99.6

（5·4、5·2A 号型系列控制部位数值）

部　位	数　值						
身　高	155	160	165	170	175	180	185
颈椎点高	133.0	137.0	141.0	145.0	149.0	153.0	157.0
坐姿颈椎点高	60.5	62.5	64.5	66.5	68.5	70.5	72.5
全臂长	51.0	52.5	54.0	55.5	57.0	58.5	60.0
腰围高	93.5	96.5	99.5	102.5	105.5	108.5	111.5

部　位																								
胸　围	72			76			80			84			88			92			96			100		
颈　围	32.8			33.8			34.8			35.8			36.8			37.8			38.8			39.8		
总肩宽	38.8			40.0			41.2			42.4			43.6			44.8			46.0			47.2		
腰　围	56	58	60	60	62	64	64	66	68	68	70	72	72	74	76	76	78	80	80	82	84	84	86	88
臀　围	75.6	77.2	78.8	78.8	80.4	82.0	82.0	83.6	85.2	85.2	86.8	88.4	88.4	90.0	91.6	91.6	93.2	94.8	94.8	96.4	98.0	98.0	99.6	101.2

续表

（5・4、5・2B 号型系列控制部位数值）

部　位	数　　值																			
身　高	155			160			165			170			175			180			185	
颈椎点高	133.5			137.5			141.5			145.5			149.5			153.5			157.5	
坐姿颈椎点高	61.0			63.0			65.0			67.0			69.0			71.0			73.0	
全臂长	51.0			52.5			54.0			55.5			57.0			58.5			60.0	
腰围高	93.0			96.0			99.0			102.0			105.0			108.0			111.0	
胸　围	72		76		80		84		88		92		96		100		104		108	
颈　围	33.2		34.2		35.2		36.2		37.2		38.2		39.2		40.2		41.2		42.2	
总肩宽	38.4		39.6		40.8		42.0		43.2		44.4		45.6		46.8		48.0		49.2	
腰　围	62	64	66	68	70	72	74	76	78	80	82	84	86	88	90	92	94	96	98	100
臀　围	79.6	81.0	82.4	83.8	85.2	86.6	88.0	89.4	90.8	92.2	93.6	95.0	96.4	97.8	99.2	100.6	102.0	103.4	104.8	106.2

（5・4、5・2C 号型系列控制部位数值）

部　位	数　　值																			
身　高	155			160			165			170			175			180			185	
颈椎点高	134.0			138.0			142.0			146.0			150.0			154.0			158.0	
坐姿颈椎点高	61.5			63.5			65.5			67.5			69.5			71.5			73.5	
全臂长	51.0			52.5			54.0			55.5			57.0			58.5			60.0	
腰围高	93.0			96.0			99.0			102.0			105.0			108.0			111.0	
胸　围	76		80		84		88		92		96		100		104		108		112	
颈　围	34.6		35.6		36.6		37.6		38.6		39.6		40.6		41.6		42.6		43.6	
总肩宽	39.2		40.4		41.6		42.8		44.0		45.2		46.4		47.6		48.8		50.0	
腰　围	70	72	74	76	78	80	82	84	86	88	90	92	94	96	98	100	102	104	106	108
臀　围	81.6	83.0	84.4	85.0	87.2	88.6	90.0	91.4	92.8	94.2	95.6	97.0	98.4	99.8	101.2	102.6	104.0	105.4	106.8	108.2

表 3-14　儿童服装号型各系列分档数值　　单位：cm

(身高 80 ~ 130cm 儿童服装号型各系列分档数值)				
部　　位	计 算 数	采 用 数	身高①、胸围②、腰围③每增减 1cm	
			计 算 数	采 用 数
身　高	10	10	1	1
坐姿颈椎点高	3.30	4	0.33	0.40
全臂长	3.40	3	0.34	0.30
腰围高	7.40	7	0.74	0.70
胸　围	4	4	1	1
颈　围	0.90	0.80	0.20	0.20
总肩宽	2.30	1.80	0.58	0.45
腰　围	2.56	3	0.64	0.75
臀　围	5.96	5	1.99	1.67
(身高 135 ~ 160cm 男童服装号型各系列分档数值)				
部　　位	计 算 数	采 用 数	身高①、胸围②、腰围③每增减 1cm	
			计 算 数	采 用 数
身　　高	5	5	1	1
坐姿颈椎点高	1.78	2	0.36	0.40
全臂长	1.87	1.50	0.37	0.30
腰围高	3.39	3	0.68	0.60
胸　围	4	4	1	1
颈　围	1.28	1	0.32	0.25
总肩宽	1.27	1.20	0.32	0.30
腰　围	2.74	3	0.69	0.75
臀　围	4.50	4.50	1.50	1.50

注：① 身高所对应的高度部位是坐姿颈椎点高、全臂长、腰围高。

② 胸围所对应的围度部位是颈围、总肩宽。

③ 腰围所对应的围度部位是臀围。

三、根据标准号型设计成衣规格

服装号型标准规格全为净尺寸规格，不可以直接使用，但它是服装结构设计长短和肥瘦的依据，也是制定成品服装规格的理论依据，所以我们把服装号型系列标准规格定为服装现代化生产的基础标准。

服装成衣规格是指成品服装各个部位的尺寸，它是根据服装号型标准规定的控制部位数值，加上放松度设计出来的规格。它是检验生产质量的标准，也是服装结构设计制图、制板及服装工业推板的直接依据。

上装成品规格主要包括衣长、胸围、肩宽、袖长、领围等；下装成品规格包括腰围、臀围、裤长、裙长等。

1. 成衣规格设计原则

（1）长度、围度的规格设计要根据款式要求，可长可短，可肥可瘦。参照表3-3男子、女子体型分类与范围。

（2）必须以各体型中间体为中心分配号型系列。参照表3-5男女体型的中间体。

（3）号型系列必须用5·4和5·2系列，不能用其他系列。分档数值也必须根据所确定的号型来确定，不可随意变动。参照表3-9、表3-10男女服装号型各系列分档数值。

（4）控制部位数值不变。参照表3-12、表3-13、表3-14男、女、儿童服装号型各系列控制部位数值。

2. 成衣规格设计步骤

成衣规格设计步骤见表3-15。

表3-15　成衣规格设计步骤表　　单位：cm

步　骤	内　　容	举　　例
第一步	确定系列和体型	男装5·4系列A体
第二步	根据需要，确定号型	从号型系列A体，号155～185，型72～100中，选取需要设计的规格号型
第三步	计算中间体各部分规格数值	A体中170/88A为中间体数值＝控制部位数值＋放松量 衣长＝66.5＋6.5＝73cm 胸围＝88＋18＝106cm
第四步	以中间体为中心，按各部位分档数值依次向两边递增或递减组成系列	号型：165/84A，170/88A，175/92A 衣长：71cm，73cm，75cm 胸围：102cm，106cm，110cm

四、标准母板是服装工业推板的造型依据

1. 标准母板的确定

标准母板是指服装工业推板的基础样板。本书所采用的服装工业推板方法是先确定中间号型样板，由中间号型向两边扩号、缩号，得到系列号型样板，这里先确定的中间号型样板就是标准母板。

如果先确定最小的号型做基础样板，由最小的号型样板依次向大号扩出，得到系列号型样板，那么先确定的最小号型的样板就是标准母板。

如果先确定最大的号型做基础样板，由最大的号型样板依次向小号缩小，得到系列号型样板，那么先确定的最大号型的样板就是标准母板。

由此可见，标准母板是全套号型系列样板中的一个样板，是全套号型系列的最基础样板，所以行业内把它叫做标准母板。

2. 标准母板的种类

服装工业推板标准母板有两种：净母板和毛母板。

（1）净母板

净母板是指样板中不包括缝头、贴边等。它是工艺制作中劈剪、缝纫用的标准母板。

(2)毛母板

毛母板是指样板中加放了缝头、贴边等。它是裁剪、排料、画样用的标准母板。

五、各部位扩缩数是工业样板扩缩的直接依据

样板部位扩缩数是服装工业推板的直接依据。各个部位的扩缩数值是根据结构设计制图的原理及号型标准确定的。5·4 系列各上装部位正常扩缩数及 5·2 系列下装各部位正常扩缩数,见表 3-16、表 3-17。

表 3-16　5·4 系列上装各部位档差计算、分配和推档部位　　单位:cm

序　号	部　位	档差计算、分配的依据
1	前后衣长	衣长号型之间的差数,通常上下两端放缩,袖窿深档差在肩颈部放缩,衣长规格档差减去袖窿深档差后,余下部分在下摆放缩
2	前腰节	取前胸围档差数值为横差,取腰节规格档差减袖窿深档差为纵差,和胸围一样在止口和摆缝两边放缩
3	后腰节	摆缝取前腰节为纵差,取后片胸围为横差,后背缝不放缩
4	下摆	取衣长规格档差减袖窿深档差为纵差,取胸围档差为横差,前衣片在下摆两边放缩,后衣长只在摆缝一边放缩
5	背长	背长号型之间的差数
6	袖窿深	取 2/10 胸围规格档差为纵档差,取 1/2 肩宽档差减 2/10 领大档差数值为横档差,在颈肩点放缩
7	胸围	前后胸围均取 1/4 胸围规格档差(三开身由前后身之间互相调整)的数值,两边进行放缩,在止口边放缩胸宽档差数,余数在摆缝一边放缩
8	前肩宽	取 1/2 肩宽规格档差数值两边放缩,在止口一边放缩胸宽档差,余数在肩外侧放缩
9	前领口	取袖窿深档差减 2/10 领大规格档差数值为纵差,取前胸宽档差数值为横差,在前领点放缩
10	后领口	取袖窿深档差减 0.05cm 数值为纵差,取 0.08 胸围规格档差为横差,在后领点放缩
11	后肩宽	取 1/2 肩宽档差数值,在袖窿一边放缩
12	前肩斜	1/20 胸围号型差数
13	肩高	取袖窿档差减肩高档差(肩高档差等于 1/20 胸围规格档差,取此档差数值为纵差,取前肩宽档差放缩数为横差),在肩外侧肩高点放缩
14	前胸宽	取 1.5/10 胸围规格档差数值,在前门止口边放缩
15	袖窿宽	1/2 胸围号型差数减胸宽号型差数的余数
16	后领宽	0.08 胸围规格档差
17	后肩斜	1/20 胸围号型差数
18	后背宽	取 1.5/10 胸围规格档差数值,在袖窿一边放缩
19	后胸围	1/4 胸围号型差数
20	袖长	取袖长规格档差数值,在袖山和袖口两端放缩。袖山深档差等于 1/10 胸围规格档差,在袖山高点放缩,其余在袖口放缩
21	袖山高	以 1/2 前后袖山点高减 3cm 为差数

续表

序　号	部　位	档差计算、分配的依据
22	袖根围	取1.5/10胸围规格档差为横差,纵差为0,在后袖缝一边放缩
23	袖口围	取袖长规格档差减袖山深档差数值为纵差,取袖口规格档差数值在后袖缝一边放缩
24	小部位	如口袋、省道等,按照相应部位档差数值计算和放缩,胸围线、袖深线、胸宽线、前袖偏线均不推移

表3-17　5·2系列下装各部位档差计算、分配和推档部位　单位:cm

序　号	部　位	扩缩数的依据
1	裤长	裤长规格档差,在裤腰和裤口两端放缩。上裆档差在腰缝处放缩,余数在裤口放缩
2	裙长	裙长规格档差,在裙腰和裙摆两端放缩。上裆档差在腰缝处放缩,余数在裙摆放缩
3	上裆	取2/10裤长规格档差数值作纵差,在腰缝处放缩
4	前腰围	取1/4腰围规格档差数值作横差,取上裆深档差数值作纵差,两边放缩,侧缝一边偏多,前缝一边偏少
5	前臀围	取1/3上裆档差数值作纵差,取1/4臀围规格档差数值作横差,两边放缩,侧缝一边偏多,前缝一边偏少
6	前裤口	取裤长规格档差减上裆档差数值为纵差,取1/2前裤口规格档差为横差,两边均等放缩
7	前横裆	取1/2横裆规格档差数值作横差,纵差为0,两边均等放缩(前横裆略减,后横裆略加)
8	前中裆	取1/2裤长规格档差减上裆档差数值为纵差,取横裆档差数值作横差,两边均等放缩
9	后腰围	取1/4腰围规格档差数值作横差,取上裆深档差为纵差,在侧缝边多放缩或全放缩。在后缝一边少放缩或不放缩
10	后臀围	取1/3上裆档差数值为纵档差,取1/4臀围规格档差数值作横差,两边放缩,侧缝一边偏多,后缝一边偏少
11	后横裆	取1/2横裆规格档差数值作横差,纵差为0,两边均等放缩
12	后裤口	取裤长规格档差减上裆档差数值为纵差,取1/2后裤口规格档差为横差,两边均等放缩
13	后中裆	取1/2裤长规格档差减上裆档差数值为纵差,取横裆档差数值作横差,两边均等放缩
14	小部位	如省道,取相应部位数值计算、推档,裤子推档时横裆的上下和裤中线的左右均不推移、放缩

第四章 经典服装款型打板与推板实例

第一节　女式紧身裙推板

一、款式图

二、西服裙成品规格及档差

单位：cm

号型 规格	150/58A	155/62A	160/66A	165/70A	170/74A	档差
腰围	60	64	68	72	76	4
臀围	87	90.6	94.2	97.8	101.4	3.6
裙长	52	54	56	58	60	2

三、母板结构制图

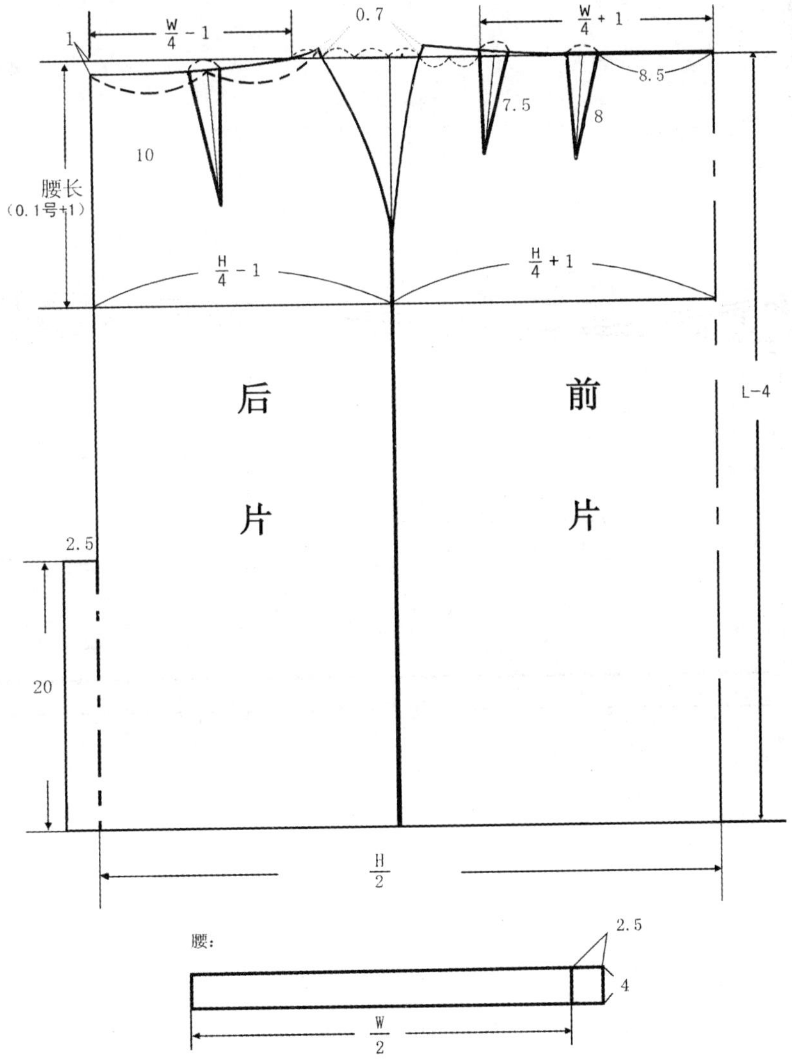

西服裙中间号型(母型板)规格尺寸 单位：cm

号/型	裙长	腰围	臀围
160/66A	56	68	94.2

四、排料图

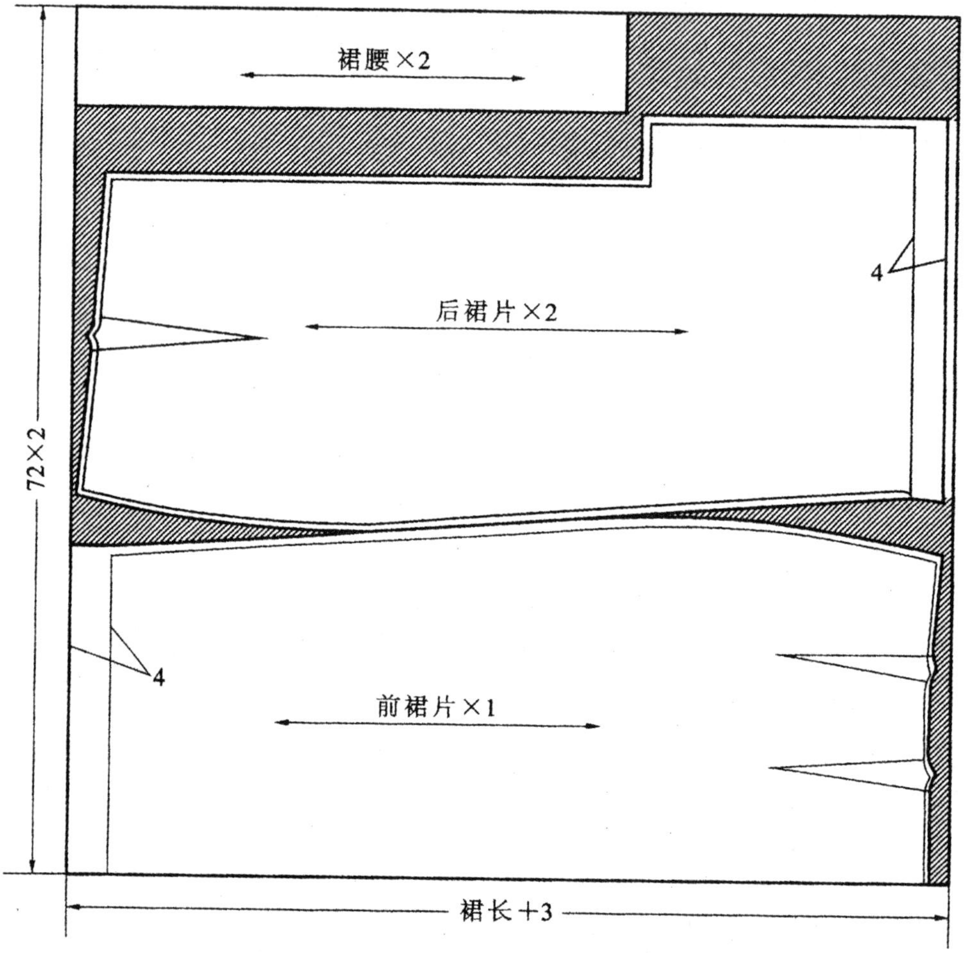

五、女式紧身裙推板

1. 女式紧身裙前片推板

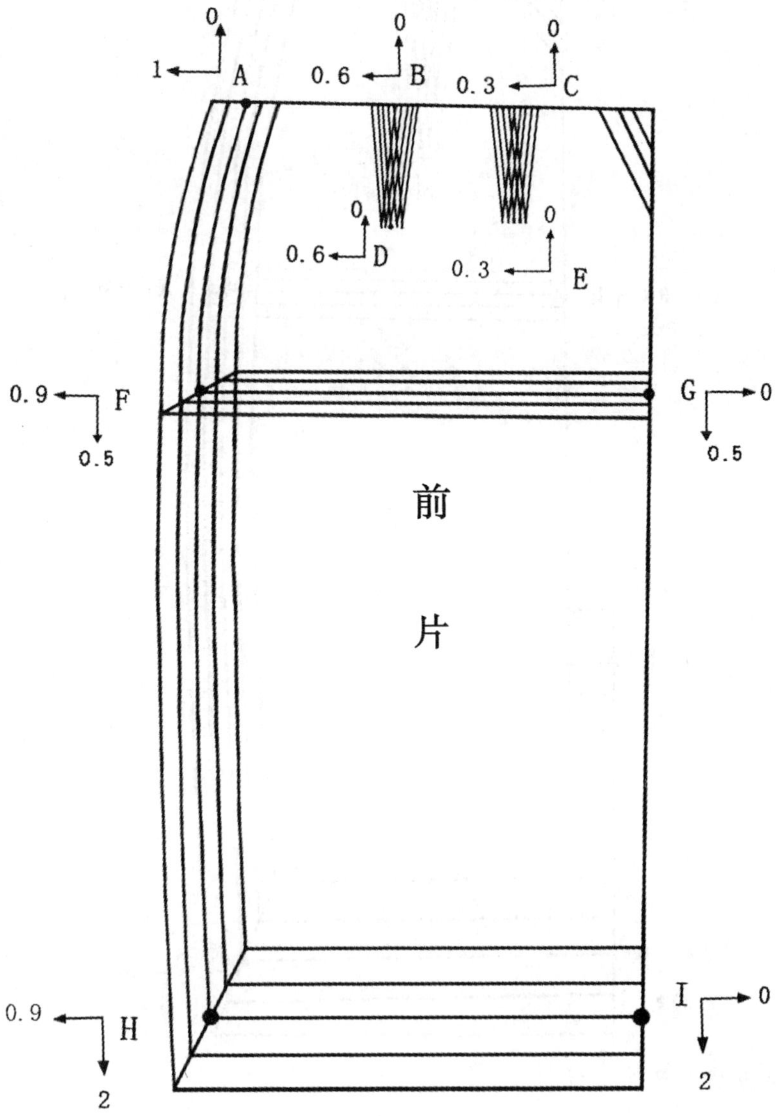

2. 女式紧身裙后片推板

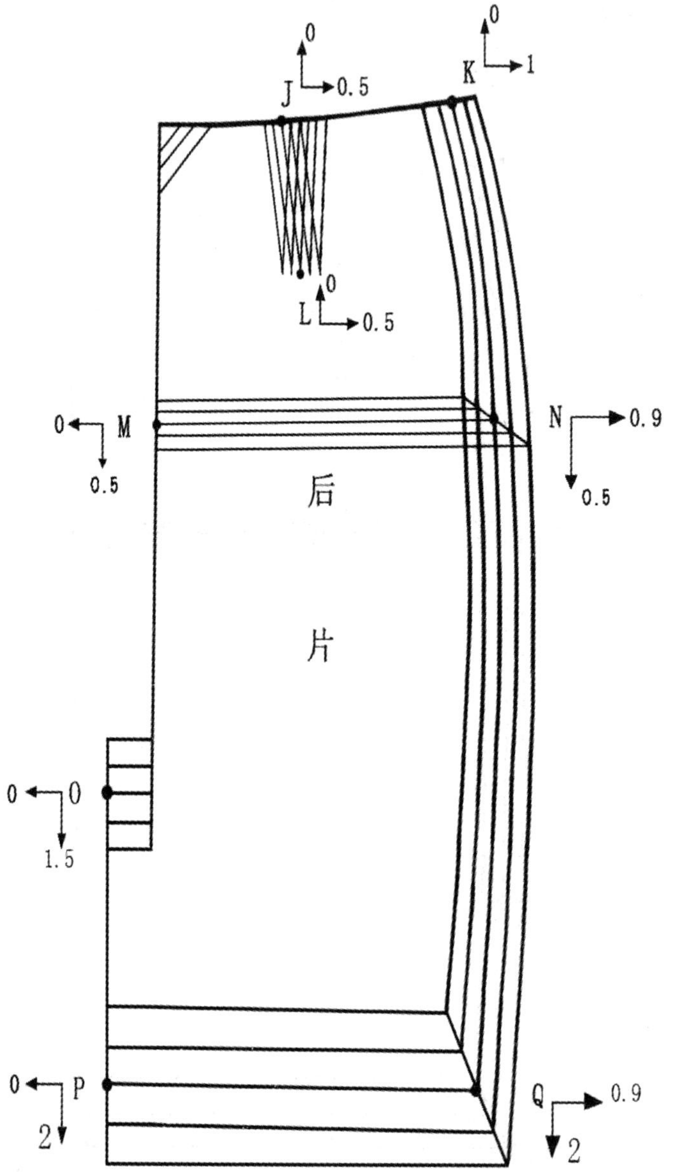

3. 女式紧身裙零部件推板

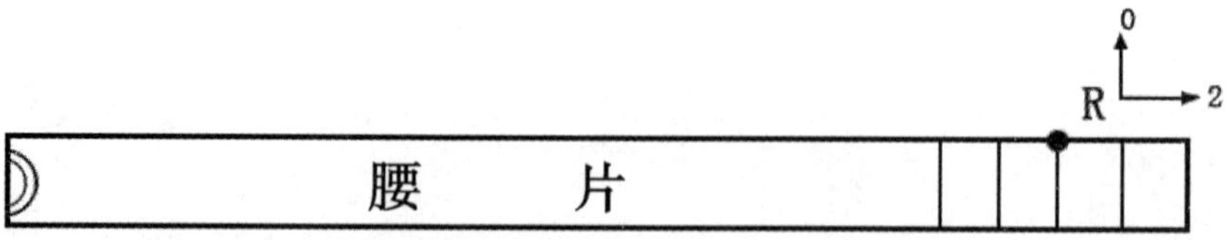

第二节　男式西裤推板

一、款式图

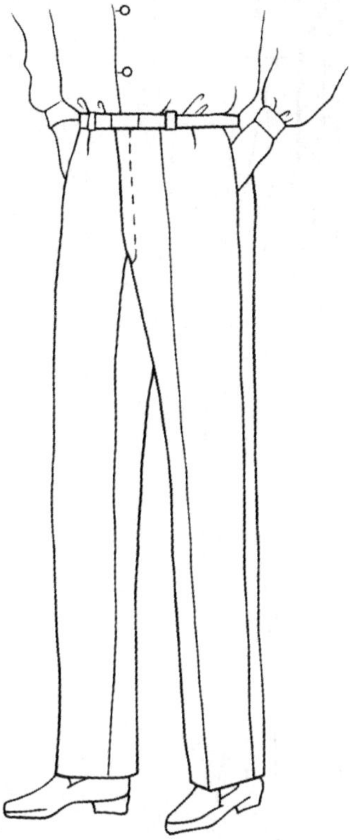

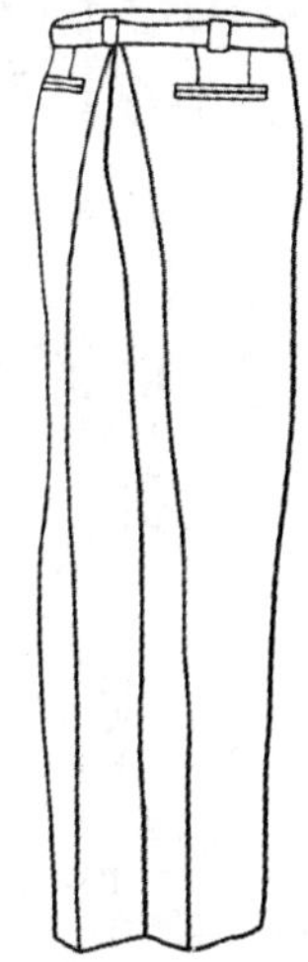

二、男西裤成品规格及档差

单位：cm

规格＼号型	160/70A	165/74A	170/78A	175/82A	180/86A	档差
裤长	100	102	104	106	108	2
腰围	72	76	80	84	88	4
臀围	102	106	110	114	118	4
立裆	29	29.4	29.8	30.2	30.6	0.4
半脚口	24	24.5	25	25.5	26	0.5

三、母板结构制图

男西裤中间号型(母型板)规格尺寸　　单位：cm

号/型	裤长	腰围	臀围	立裆	半脚口
170/78A	104	80	110	29.8	25

1. 男西裤前片结构制图

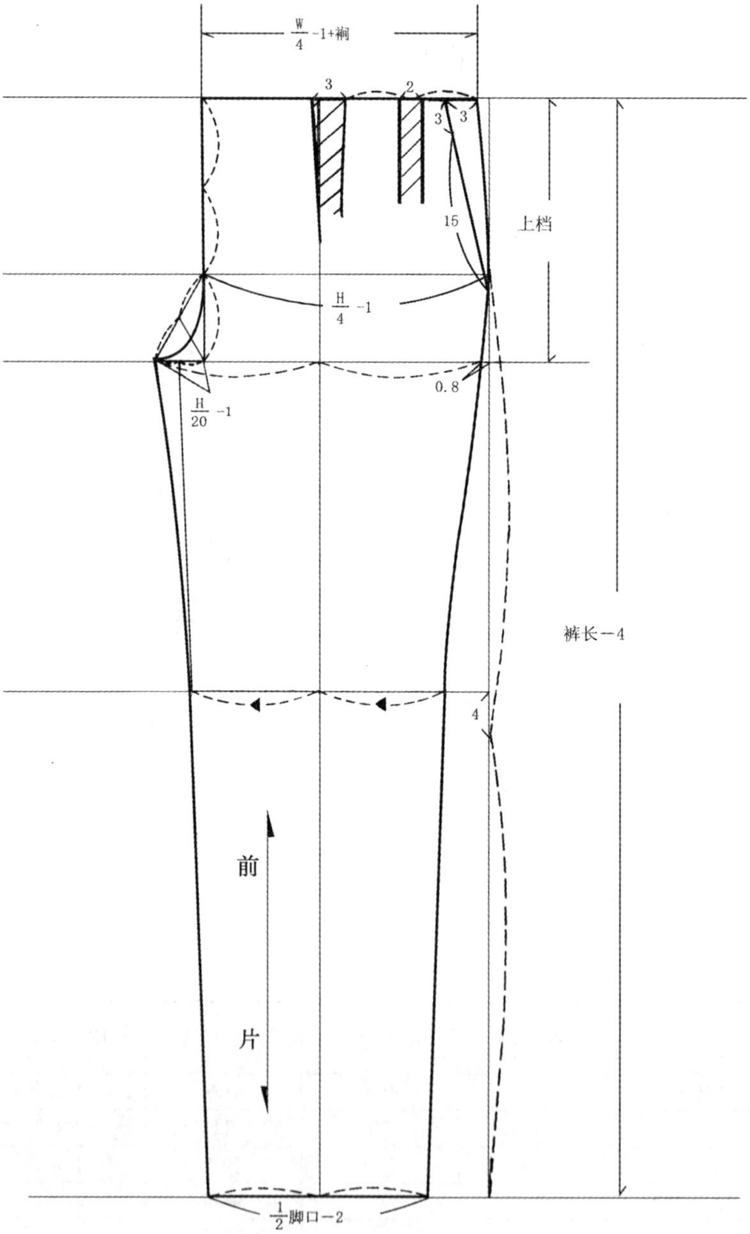

2. 男西裤后片结构制图

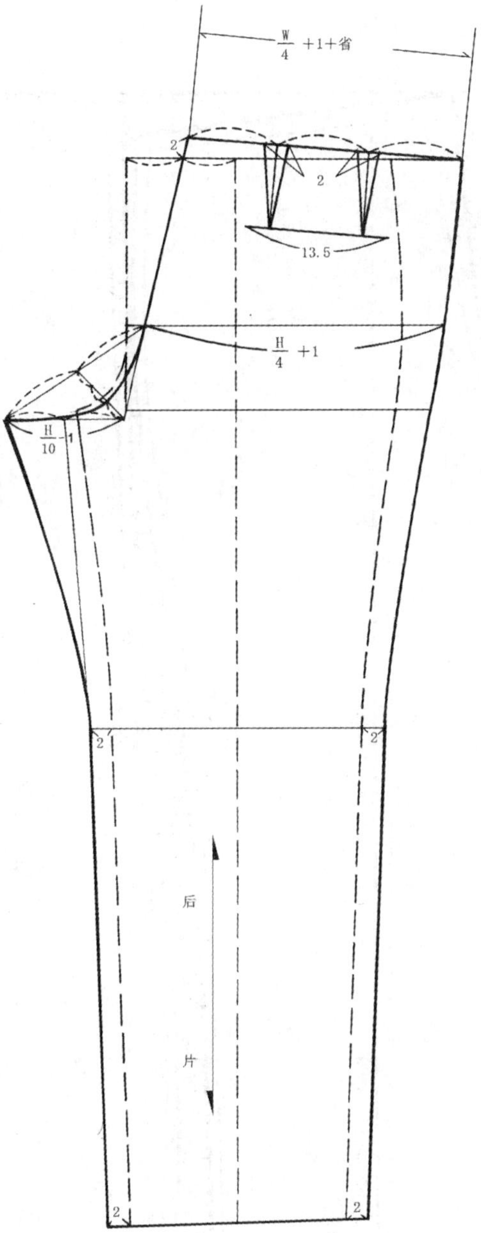

3. 男西裤腰片结构制图

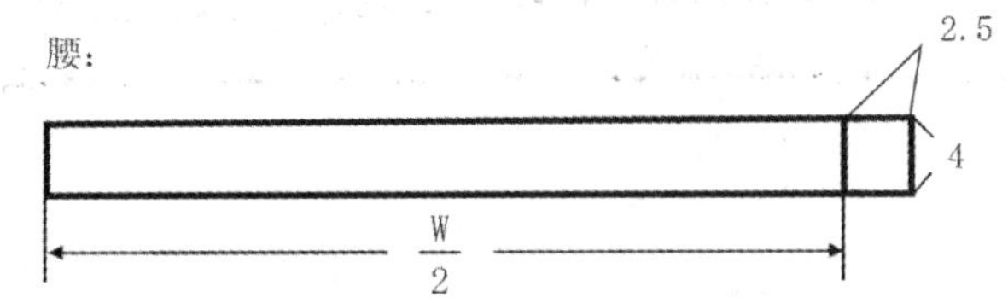

四、排料图

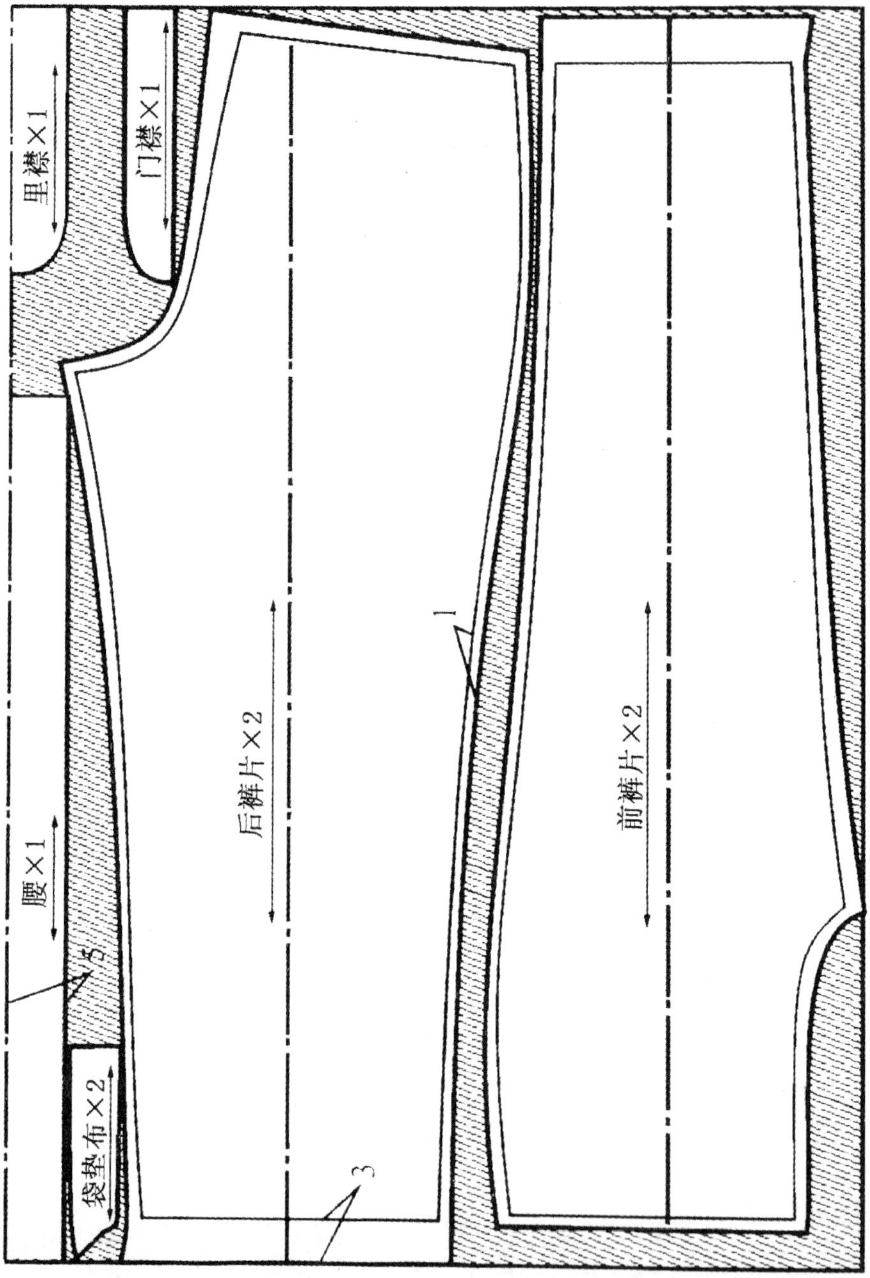

五、男西裤推板

1. 男西裤前片推板

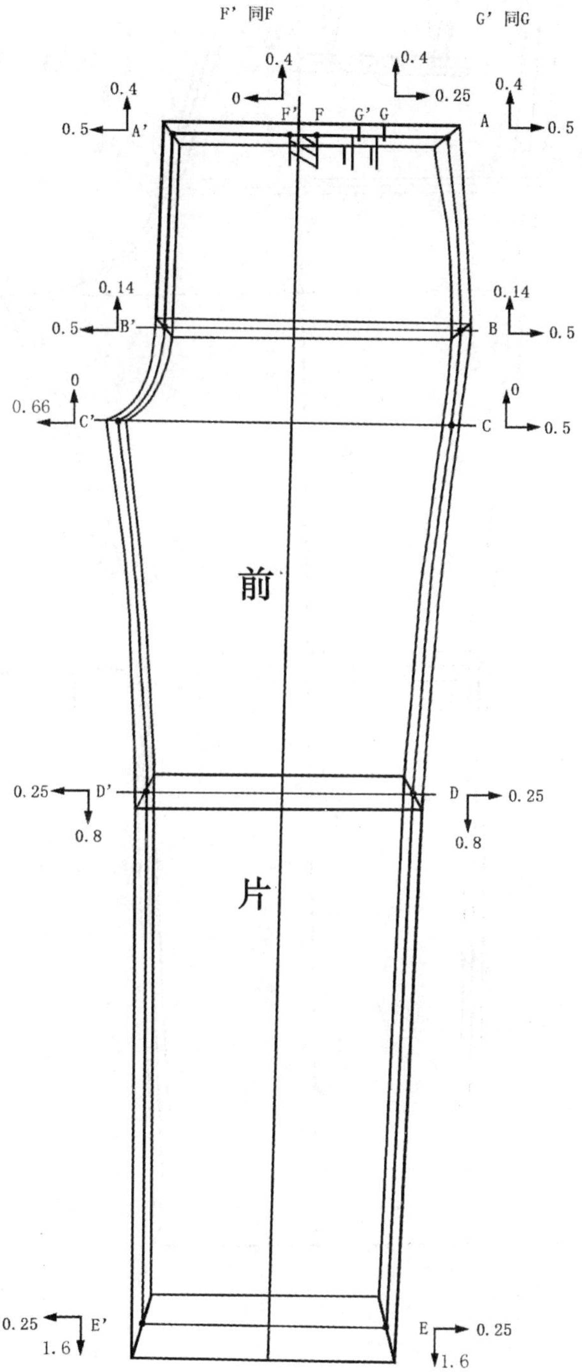

2. 男西裤后片推板

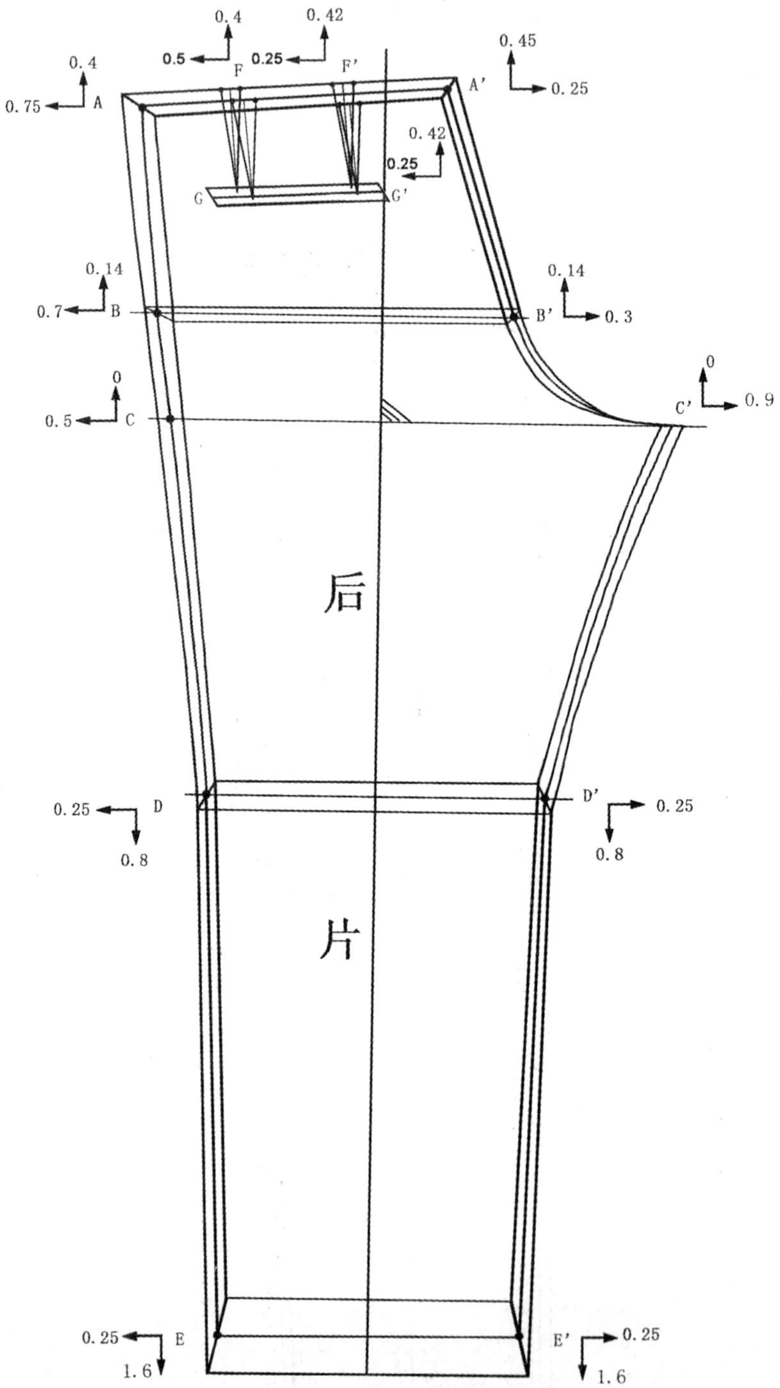
0.4
0.5
F
0.42
0.25
F'
0.4
0.75
A
0.45
A'
0.25
0.42
0.25
G
G'
0.14
0.7
B
0.14
B'
0.3
0
C'
0.9
0
0.5
C
后
片
0.25
D
0.8
D'
0.25
0.8
0.25
E
1.6
E'
0.25
1.6

3. 男西裤腰片推板

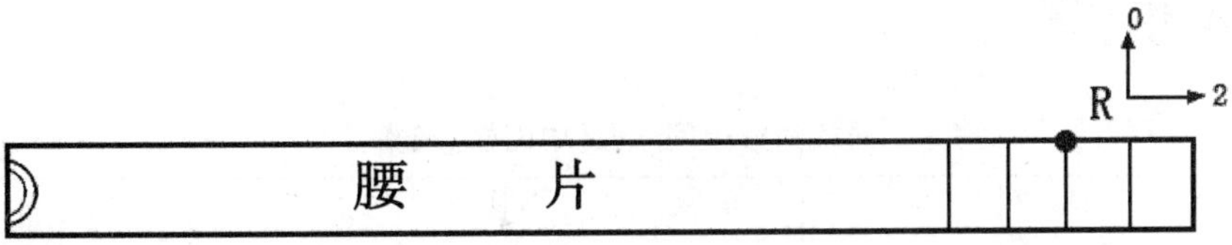

第三节　男式衬衫推板

一、款式图

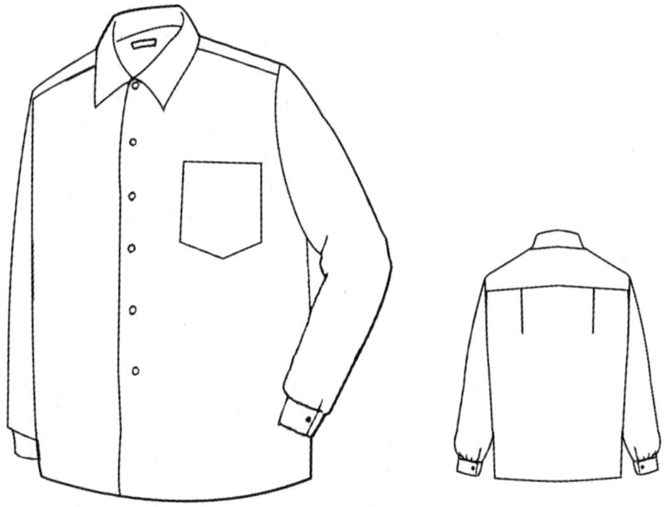

二、男式衬衫成品规格及档差

单位：cm

号型 规格	165/84A	170/88A	175/92A	180/96A	185/100A	档差
衣长	70	72	74	76	78	2
背长	42	43	44	45	46	1
胸围	102	106	110	114	118	4
领围	38	39	40	41	42	1
袖长	55	56.5	58	59.5	61	1.5
袖口	22	23	24	25	26	1
肩宽	44	45	46	47	48	1

三、母板结构制图

男式衬衫中间号型（中间板）规格　　单位：cm

号/型	衣长	背长	胸围	领围	袖长	袖口	肩宽
175/92A	74	44	110	40	58	24	46

1. 男式衬衫前片、后片、过肩结构制图

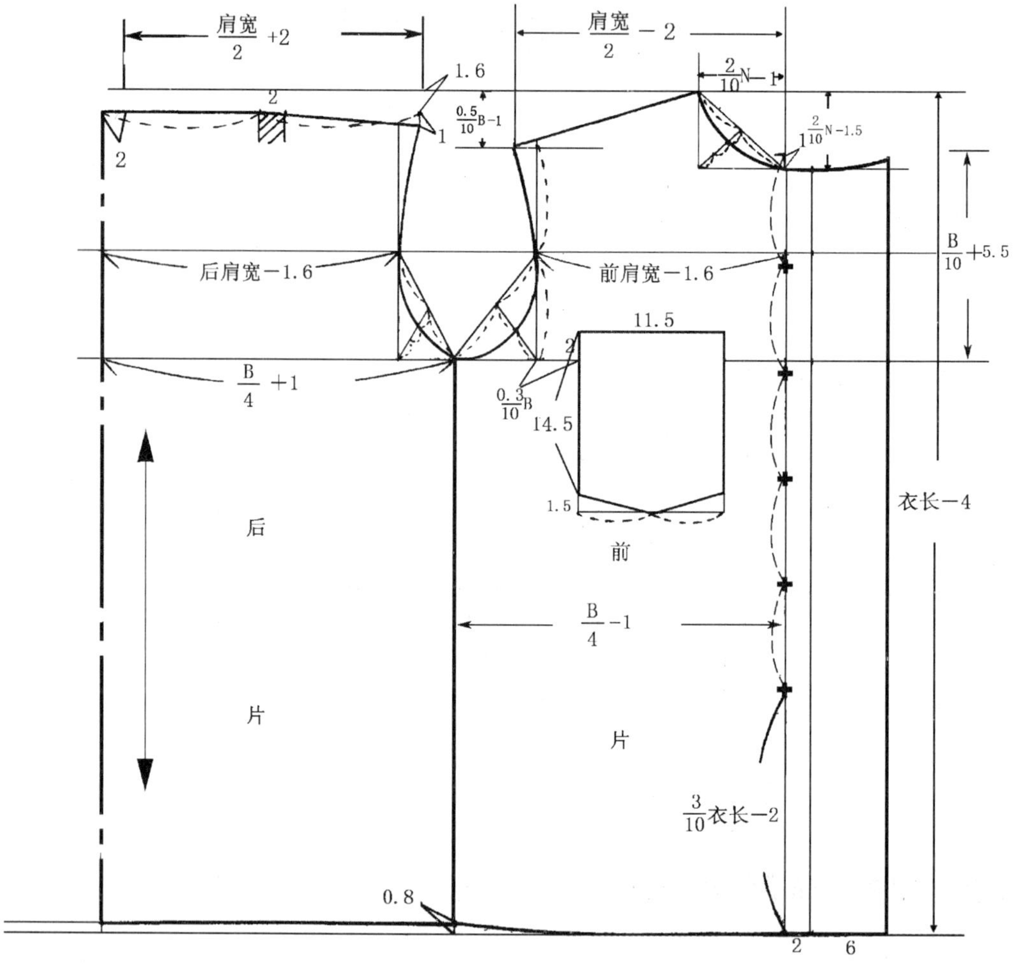

过肩：

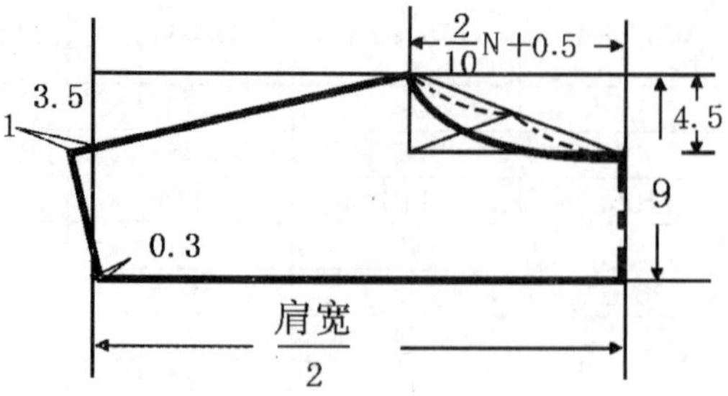

2. 男式衬衫袖片、袖克夫、领片结构制图

袖片：

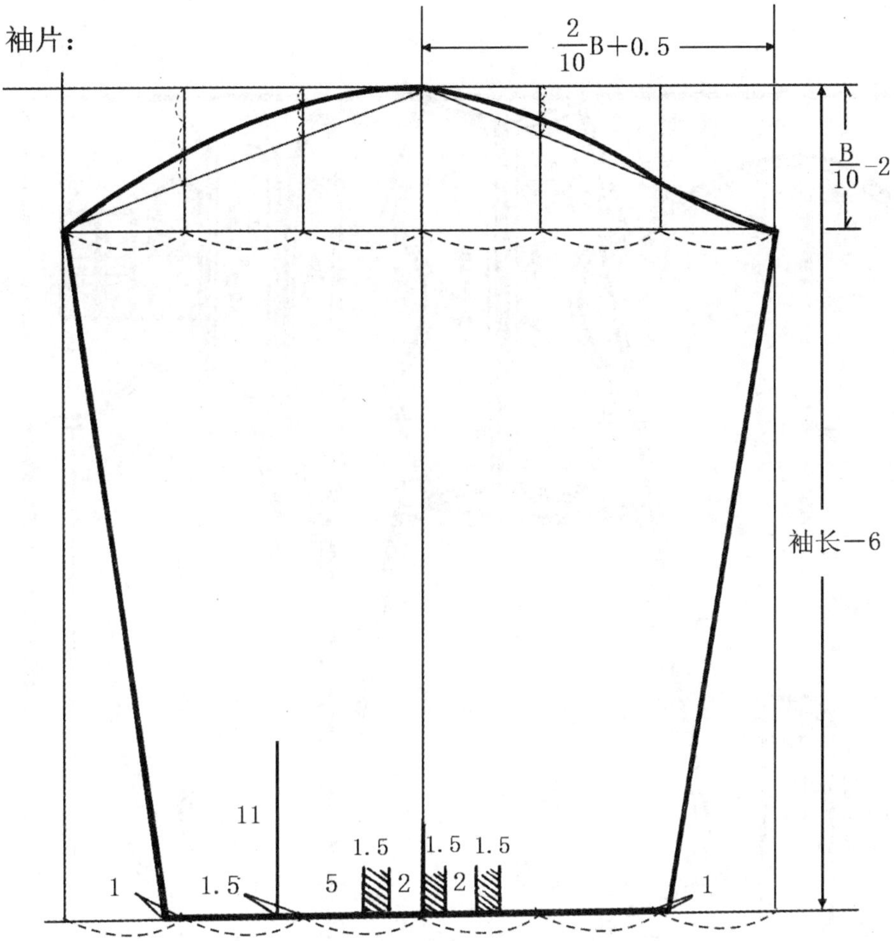

领片：

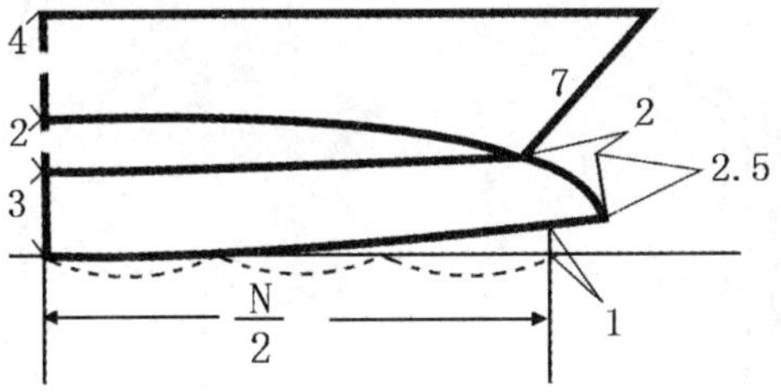

袖克夫：

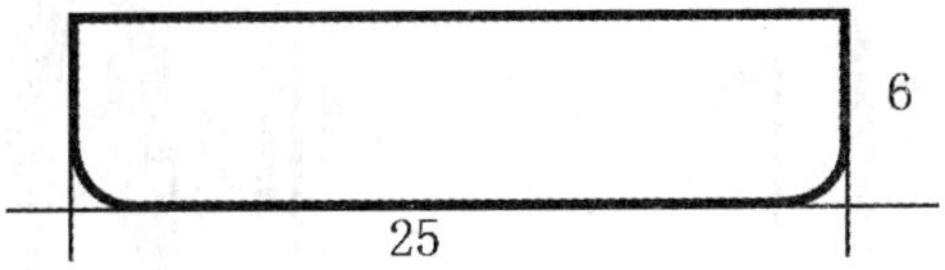

四、排料图

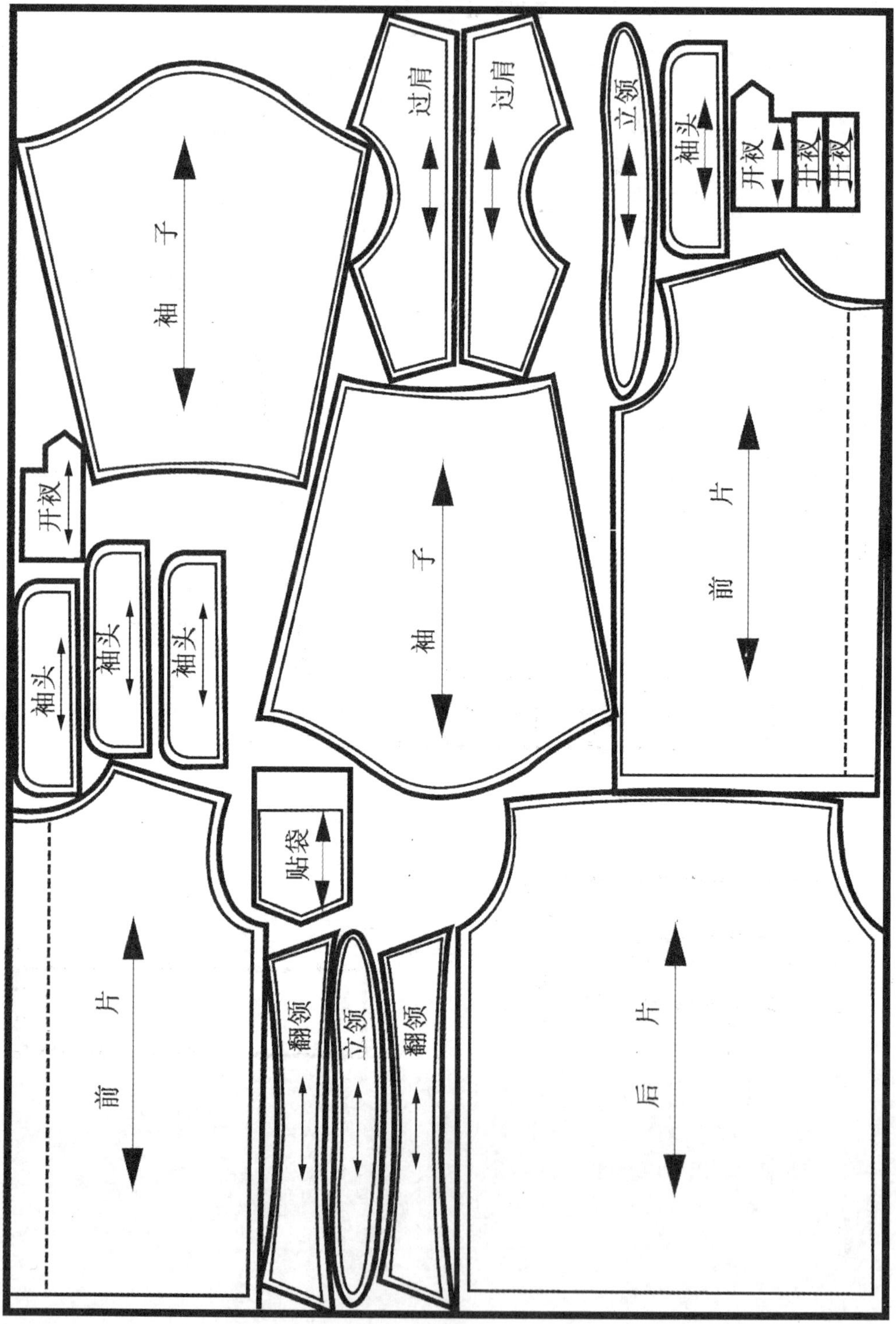

五、男式衬衫推板

1. 男式衬衫前片推板

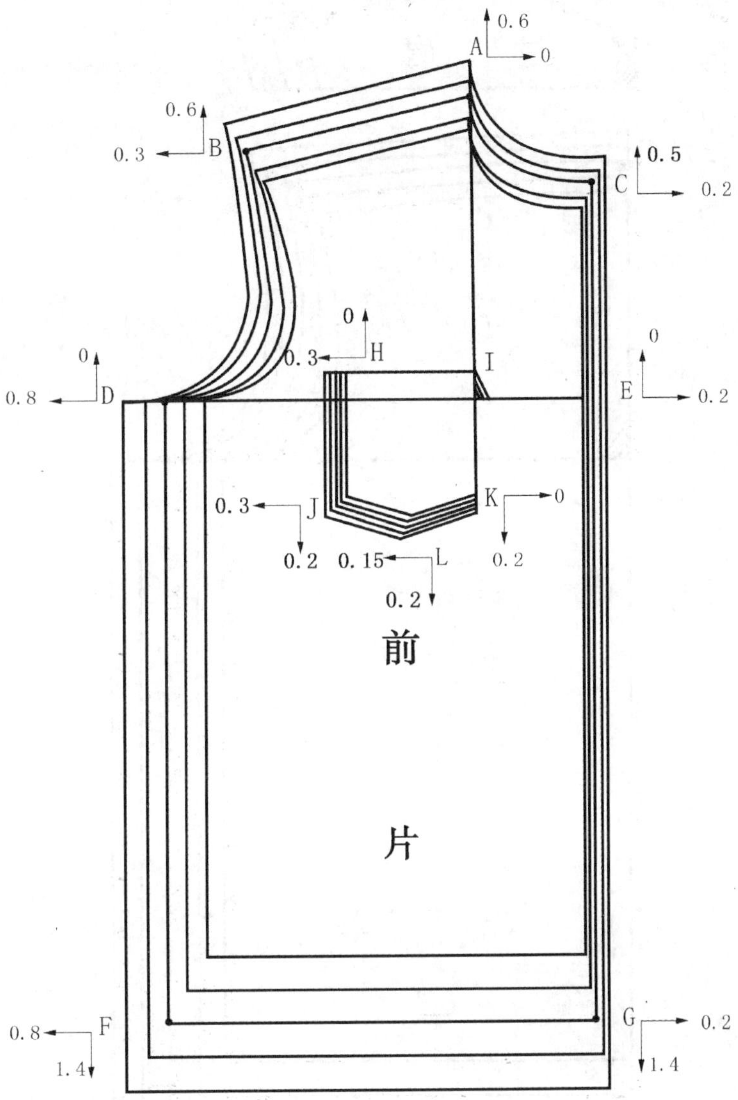

2. 男式衬衫后片推板

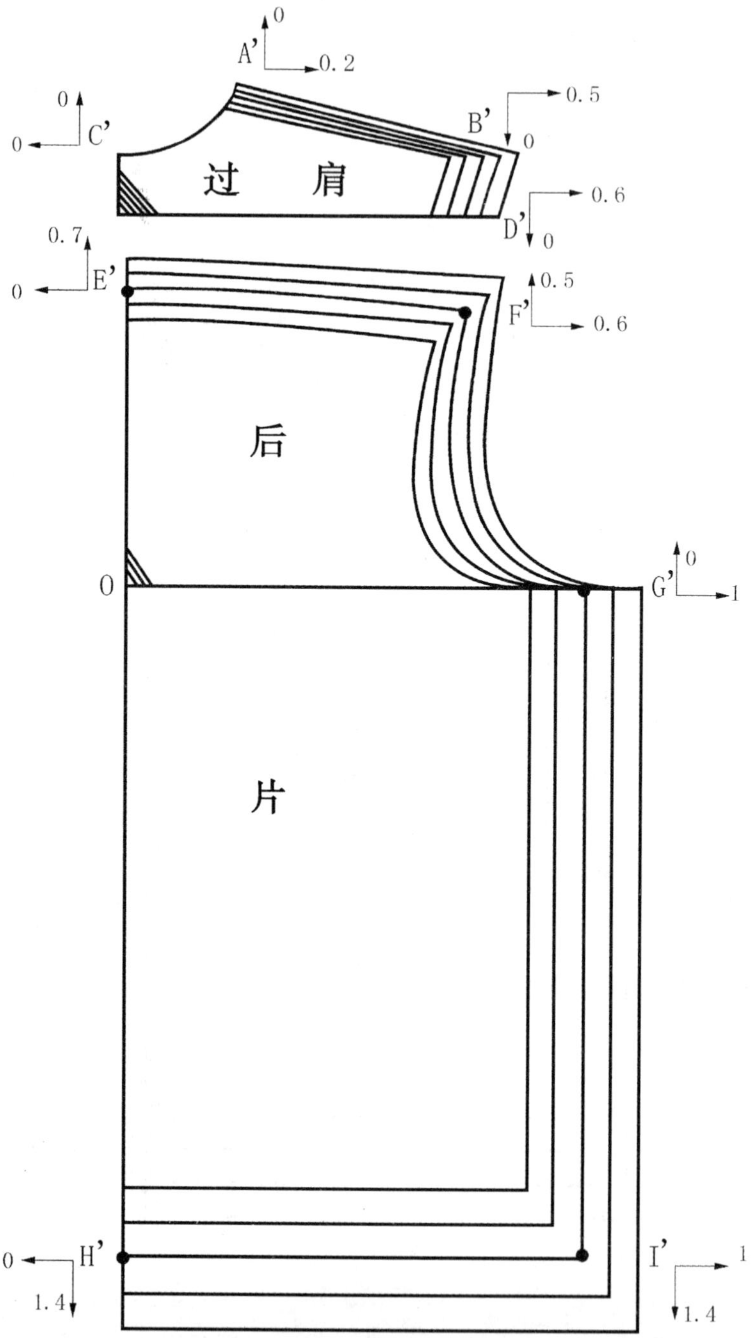

3. 男式衬衫袖片推板

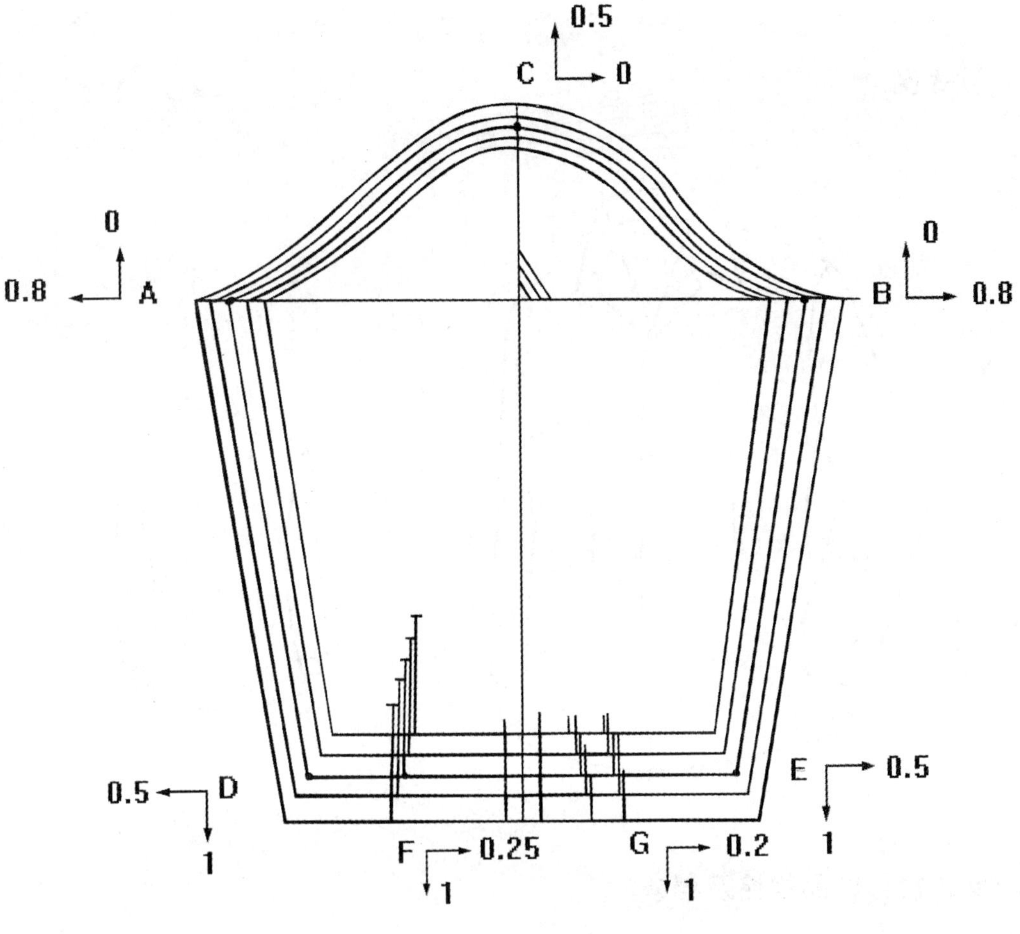

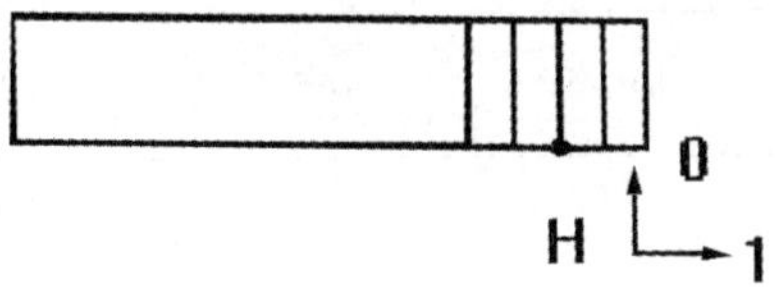

第四节　女式收腰衬衫推板

一、款式图

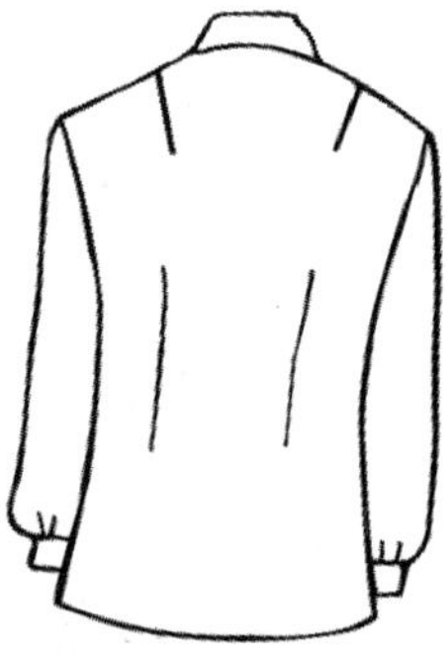

二、女式衬衫成品规格及档差

单位：cm

规格＼号型	155/76A	160/80A	165/84A	170/88A	175/92A	档差
衣长	60	62	64	66	68	2
背长	36	37	38	39	40	1
胸围	90	94	98	102	106	4
领围	35	36	37	38	39	1
袖长	52	53.5	55	56.5	58	1.5
袖口	21	22	23	24	25	1
肩宽	38.8	40	41.2	42.4	43.6	1.2

三、母板结构制图

女式衬衫中间号型（母型板）规格尺寸　　单位：cm

号/型	衣长	背长	胸围	领围	袖长	袖口
165/84A	64	38	98	37	55	23

1. 女式收腰衬衫前片结构制图

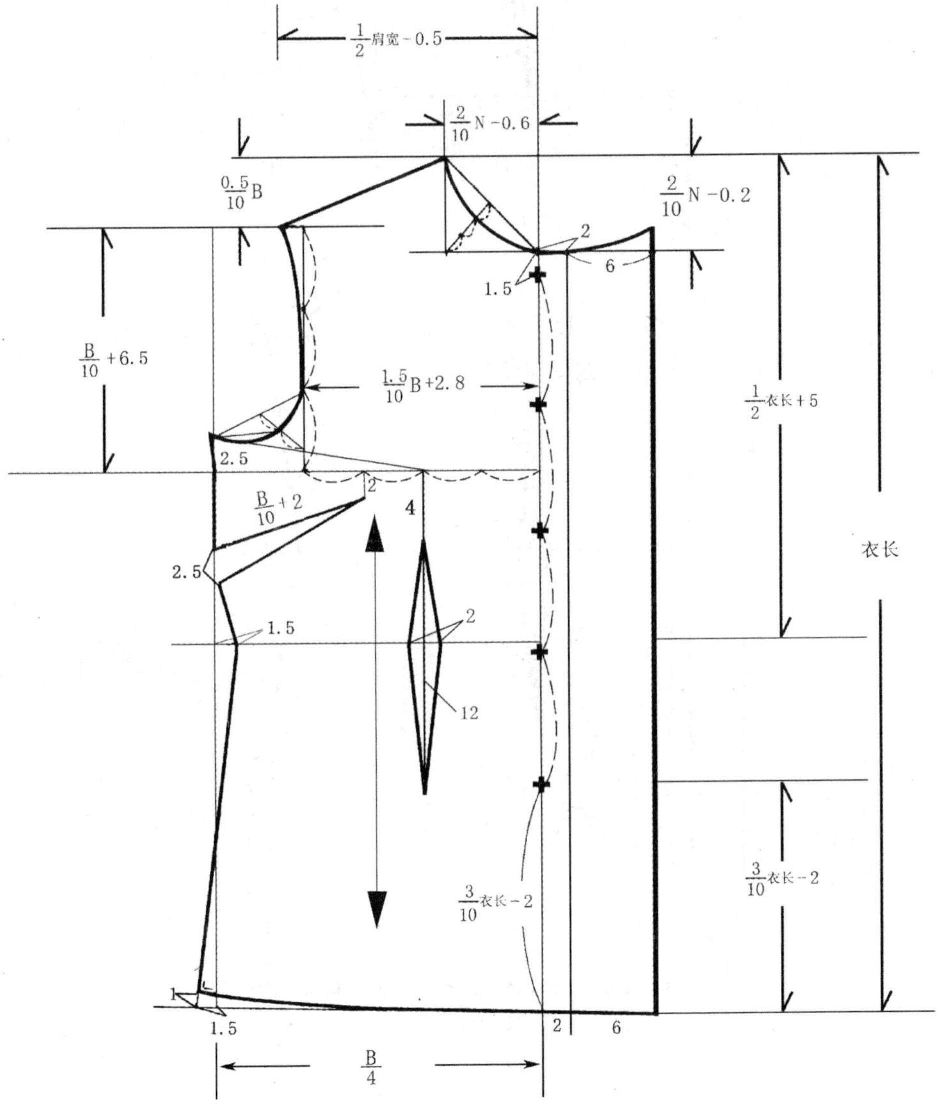

2. 女式收腰衬衫后片结构制图

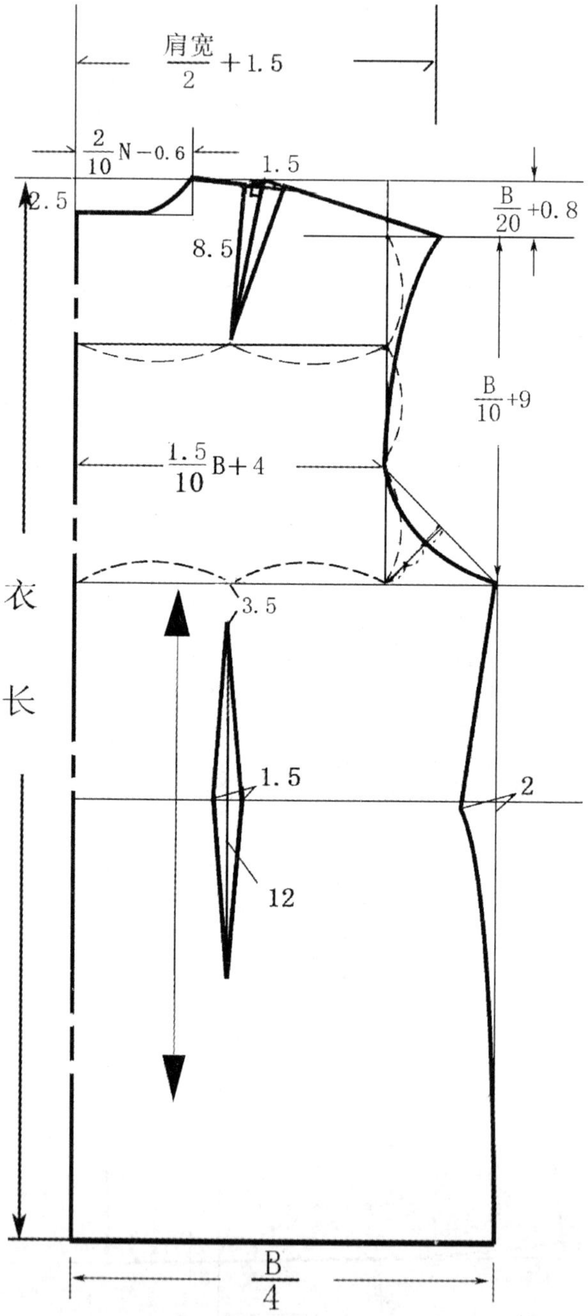

3. 女式收腰衬衫袖片结构制图

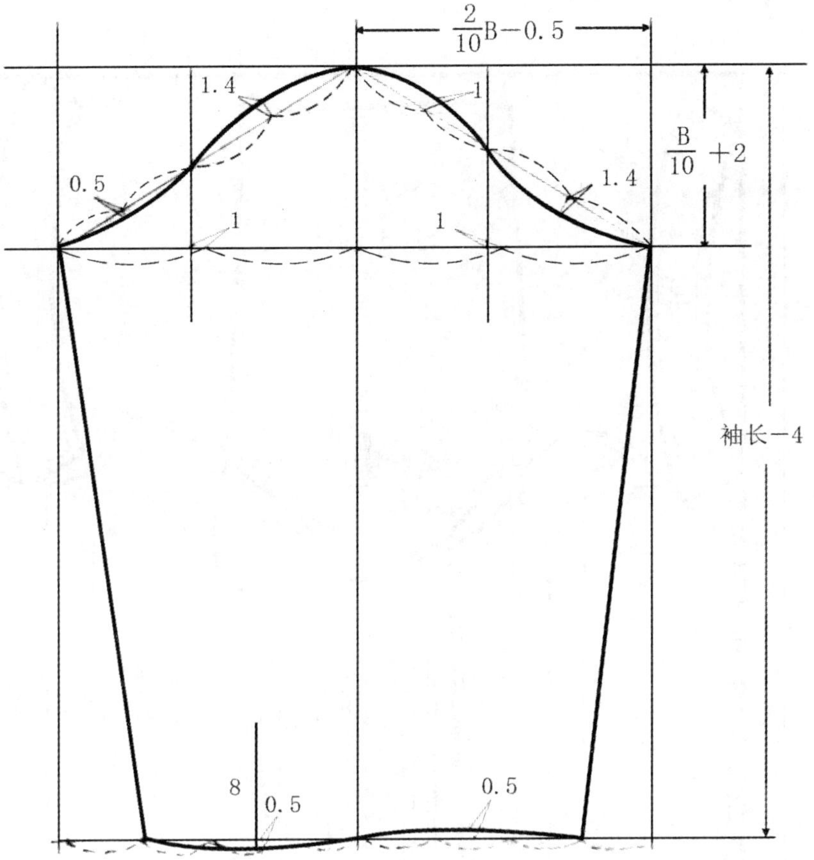

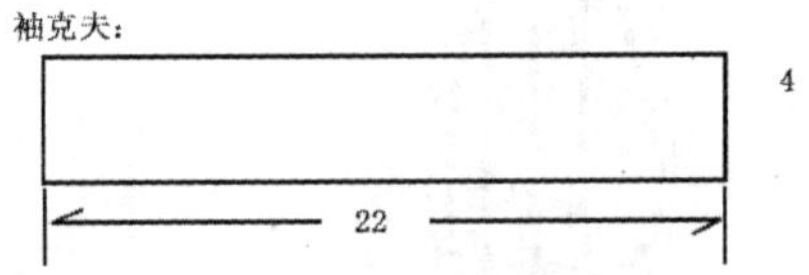

4. 女式收腰衬衫领片结构制图

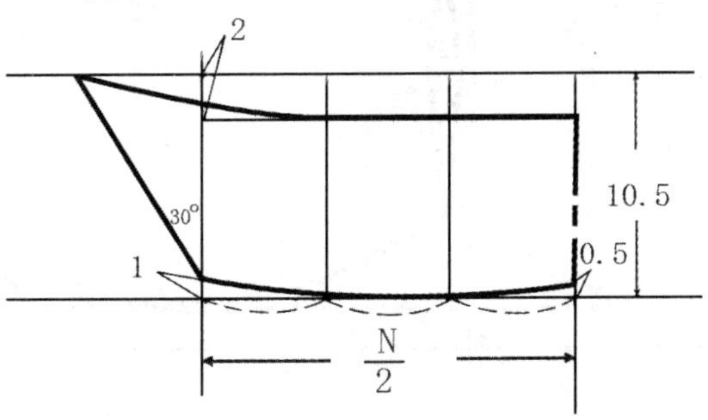

四、排料图

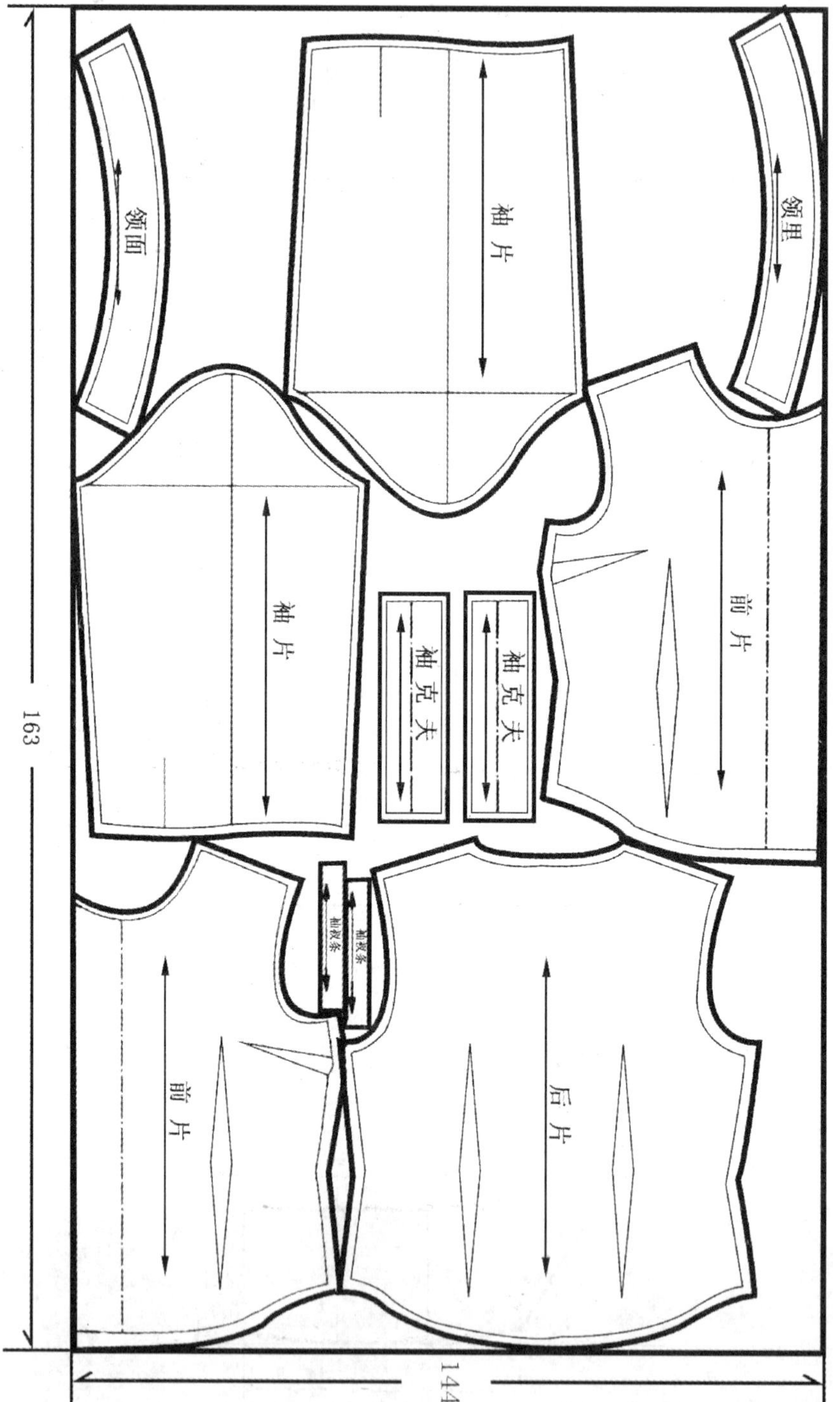

五、女式收腰衬衫推板

1. 女式收腰衬衫前片推板

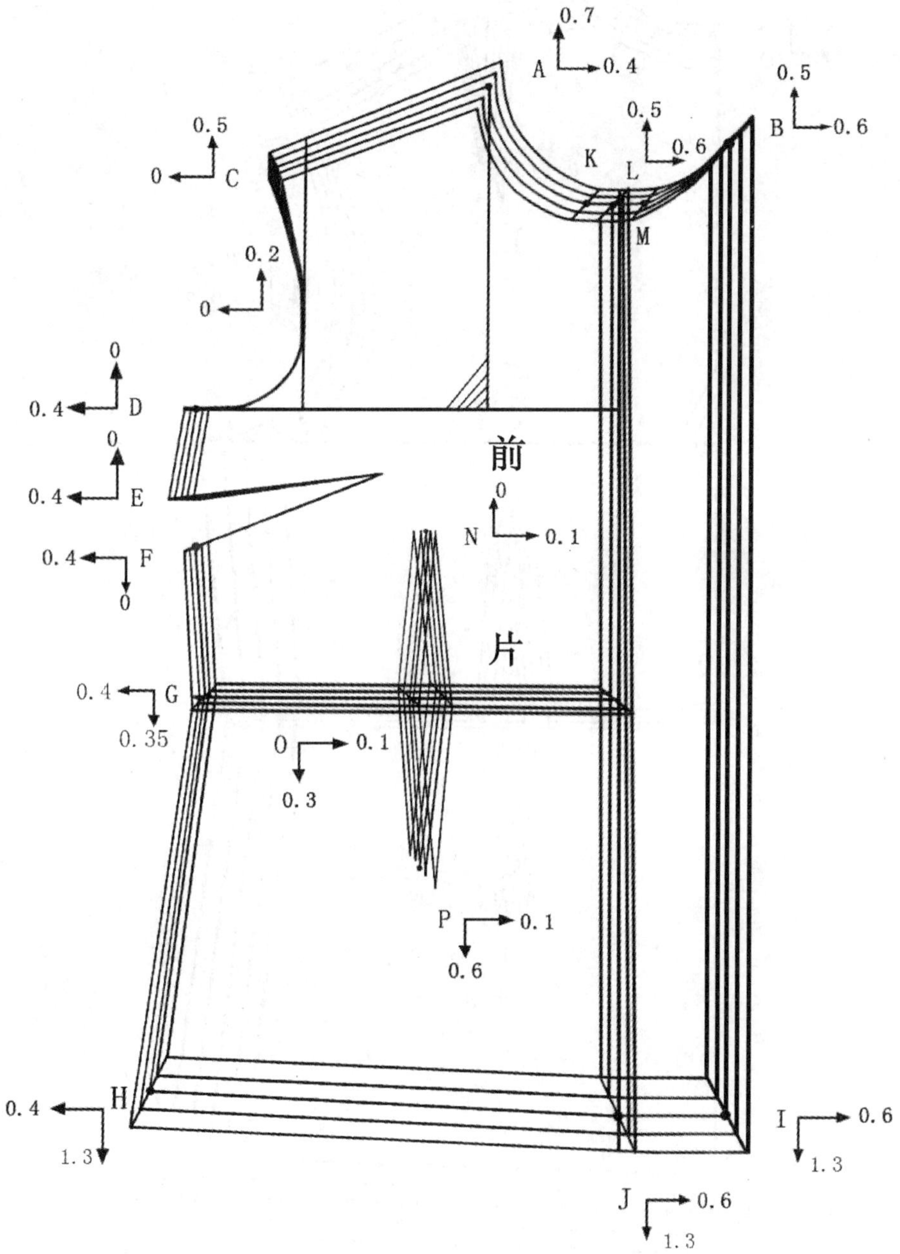

2. 女式收腰衬衫后片推板

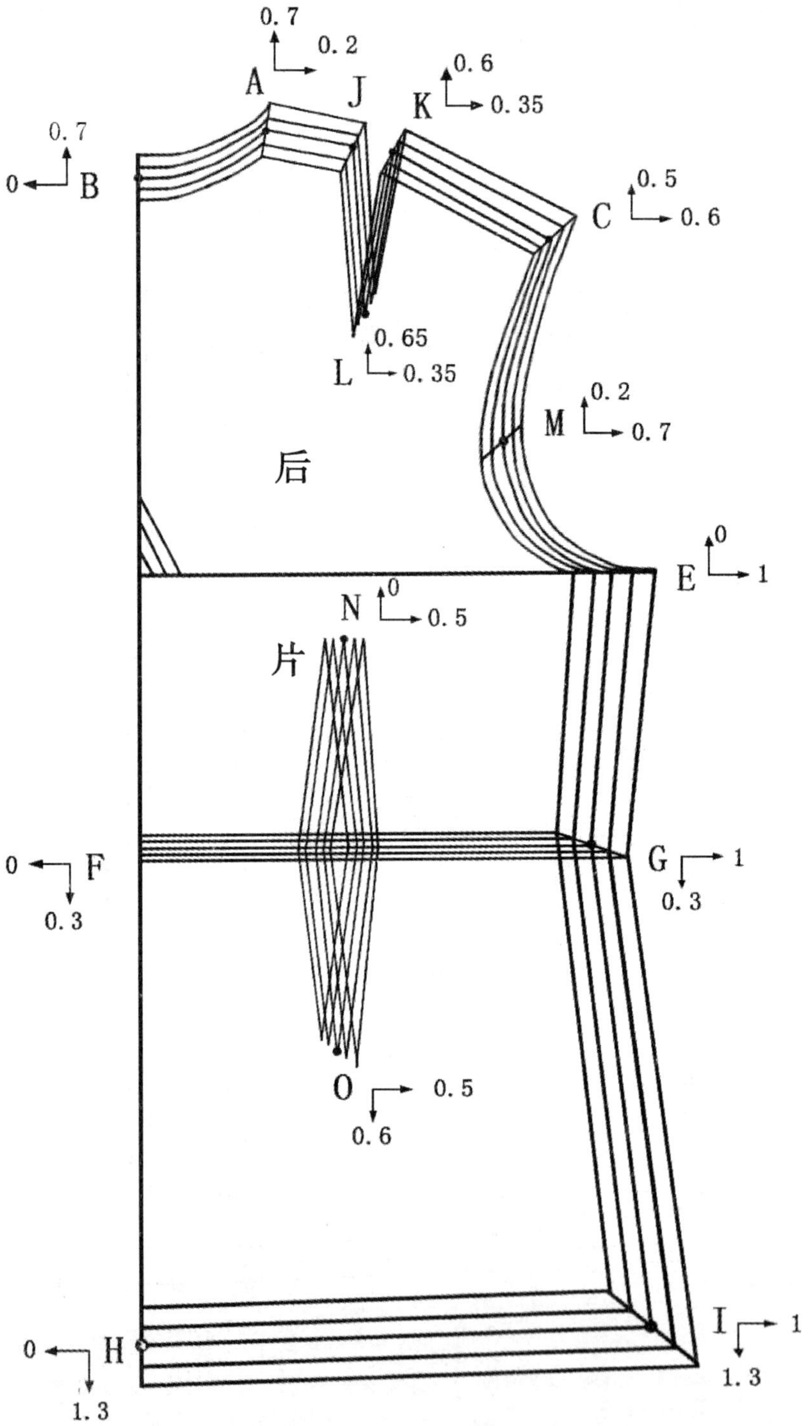

3．女式收腰衬衫袖片推板

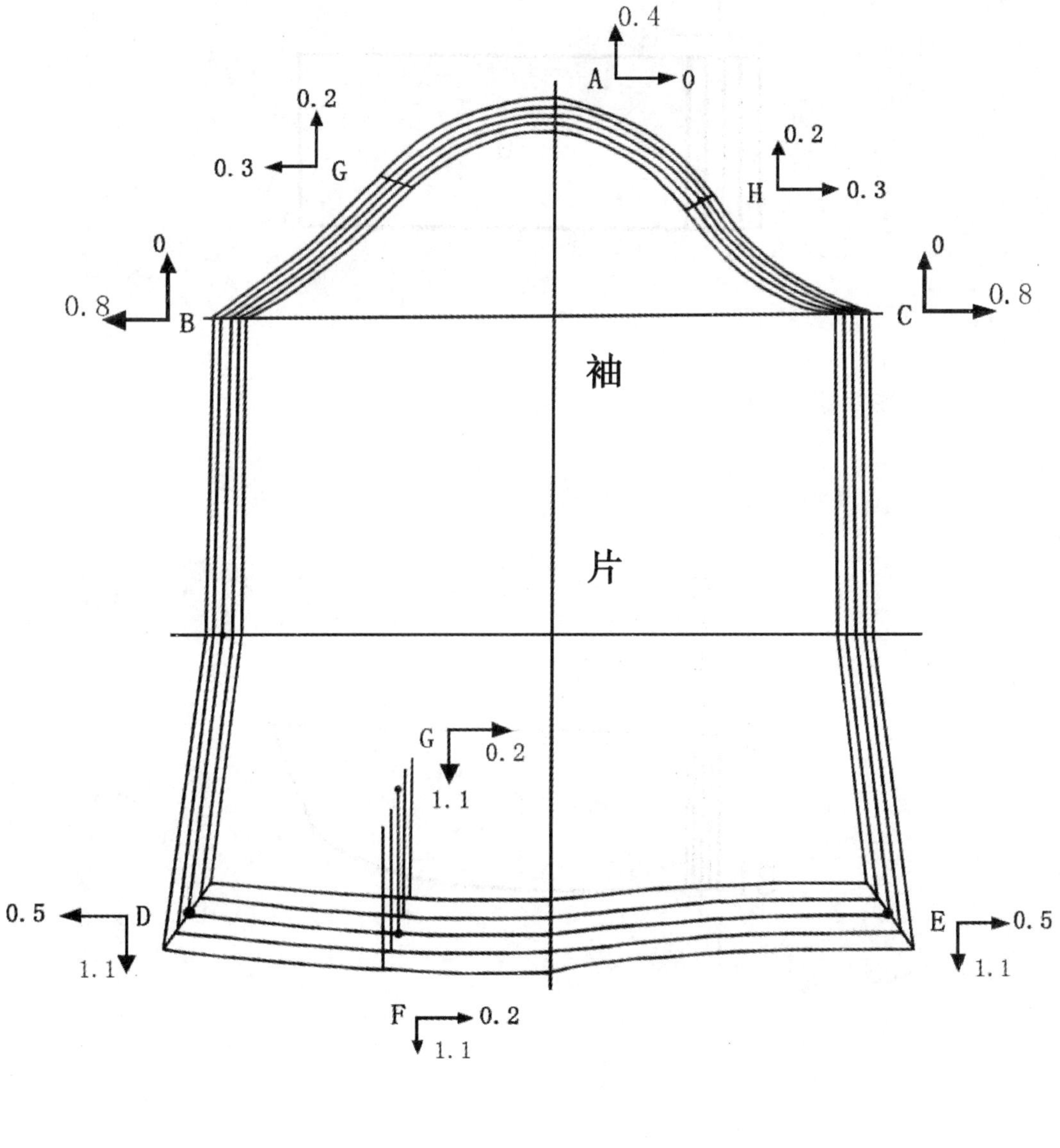

4. 女式收腰衬衫袖口推板

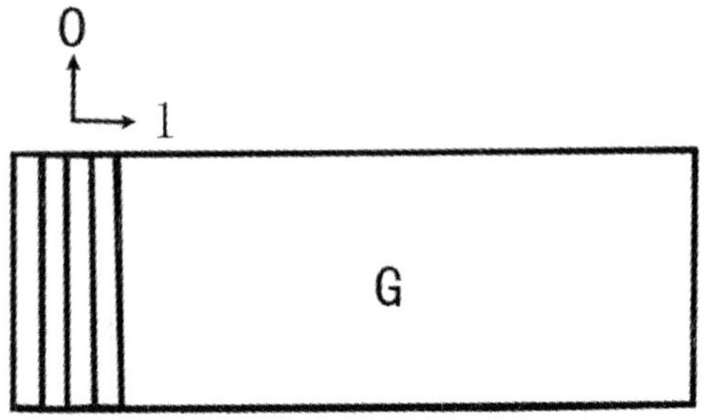

5. 女式收腰衬衫领片推板

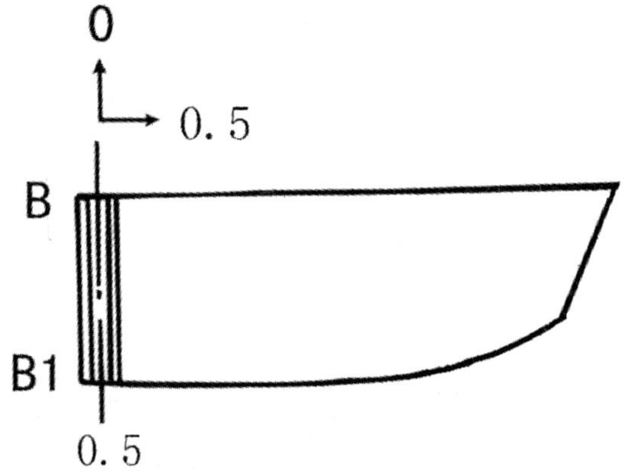

第五节　男式插肩袖茄克衫推板

一、款式图

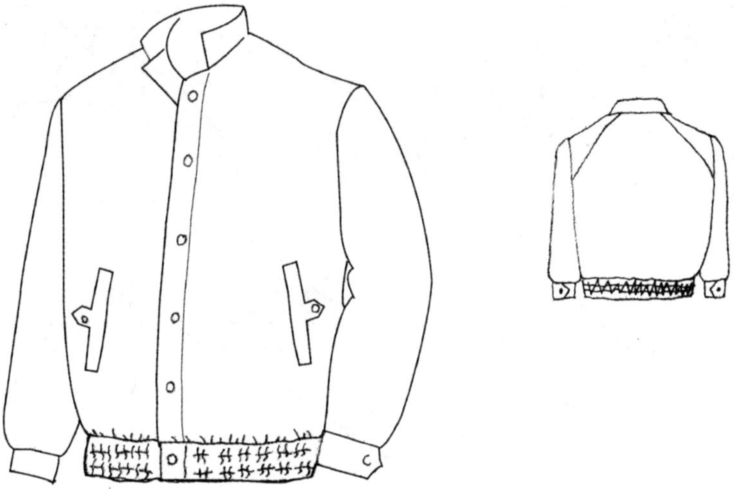

二、男式插肩袖夹克衫成品规格及档差

单位：cm

号型 规格	165/84A	170/88A	175/92A	180/96A	185/100A	档差
衣长	61	63	65	67	69	2
胸围	122	126	130	134	138	4
领围	45	46	47	48	49	1
肩宽	53	54	55	56	57	1
袖长	53	54.5	56	57.5	59	1.5
袖口	30	31	32	33	34	1

三、母板结构制图

男式插肩袖夹克衫中间号型(母型板)规格尺寸 单位：cm

号/型	衣长	胸围	领围	肩宽	袖长	袖口
175/92A	65	130	47	55	56	32

1. 男式插肩袖茄克衫前片结构制图

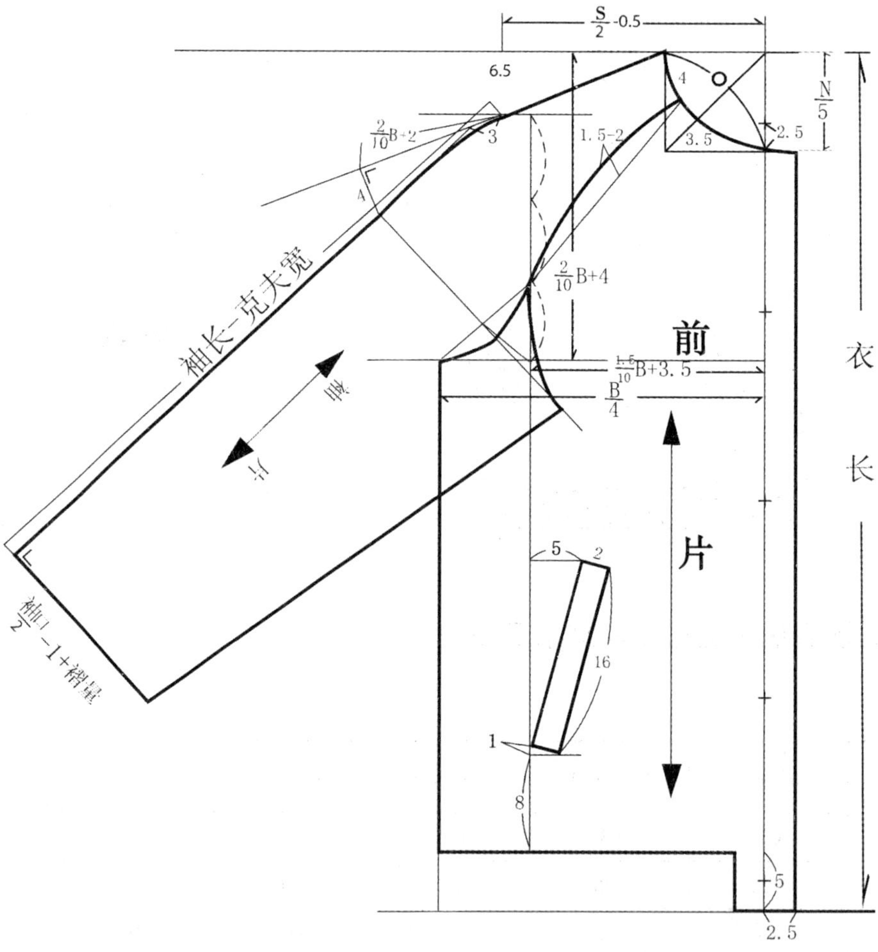

2. 男式插肩袖茄克衫后片、领片结构制图

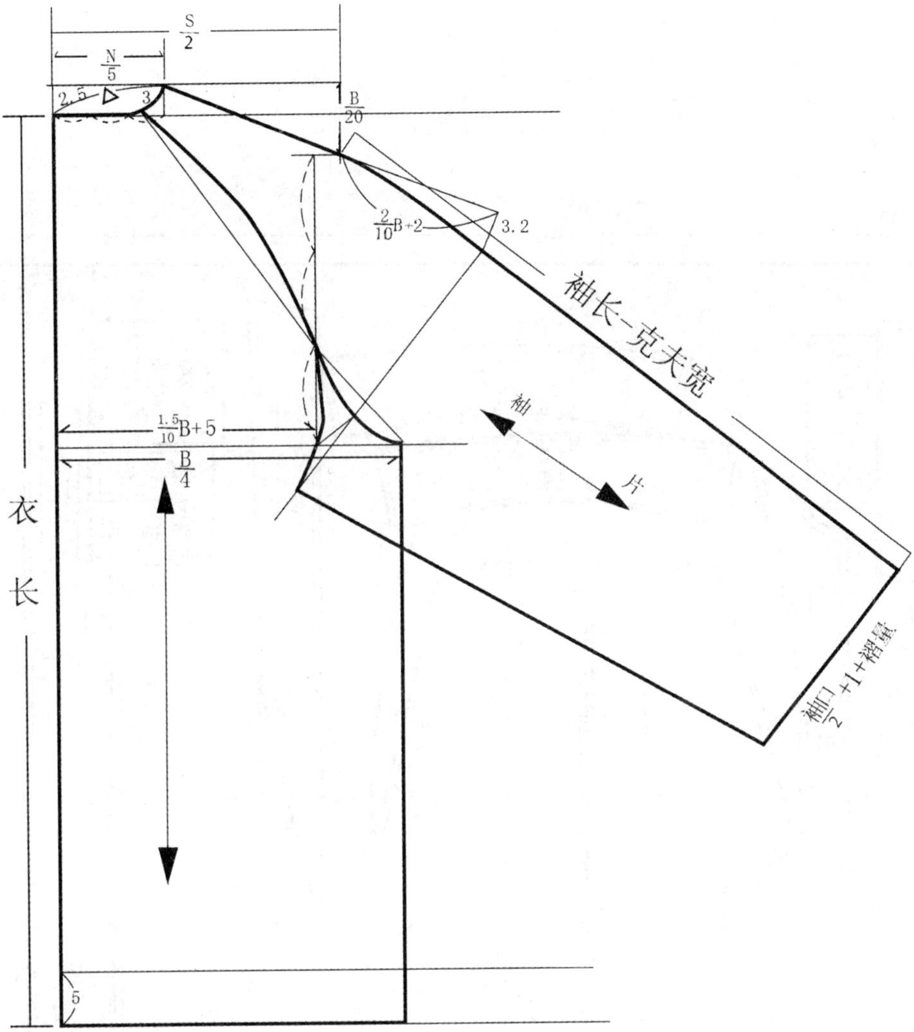

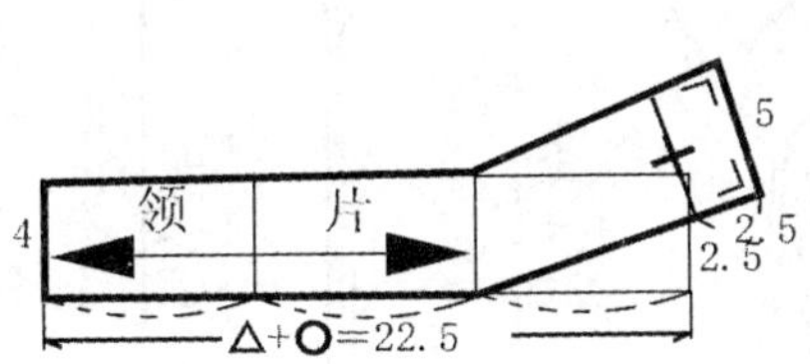

四、排料图

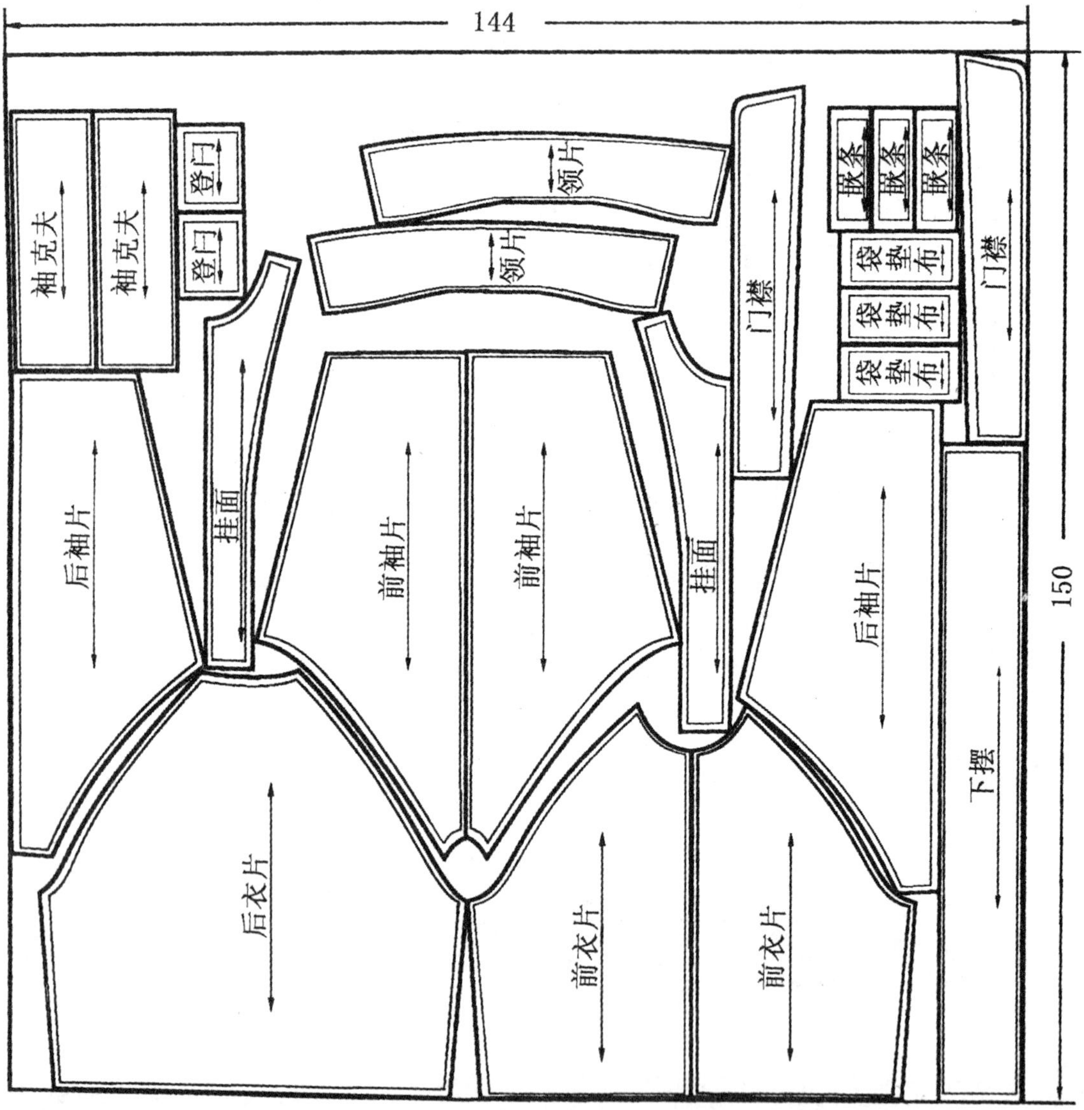
144
150
袖克夫
袖克夫
登门
登门
领片
领片
门襟
门襟
联条
联条
联条
袋垫布
袋垫布
袋垫布
挂面
挂面
后袖片
前袖片
前袖片
后袖片
后衣片
前衣片
前衣片
下摆

五、男式插肩袖茄克衫推板

1. 男式插肩袖茄克衫前片推板

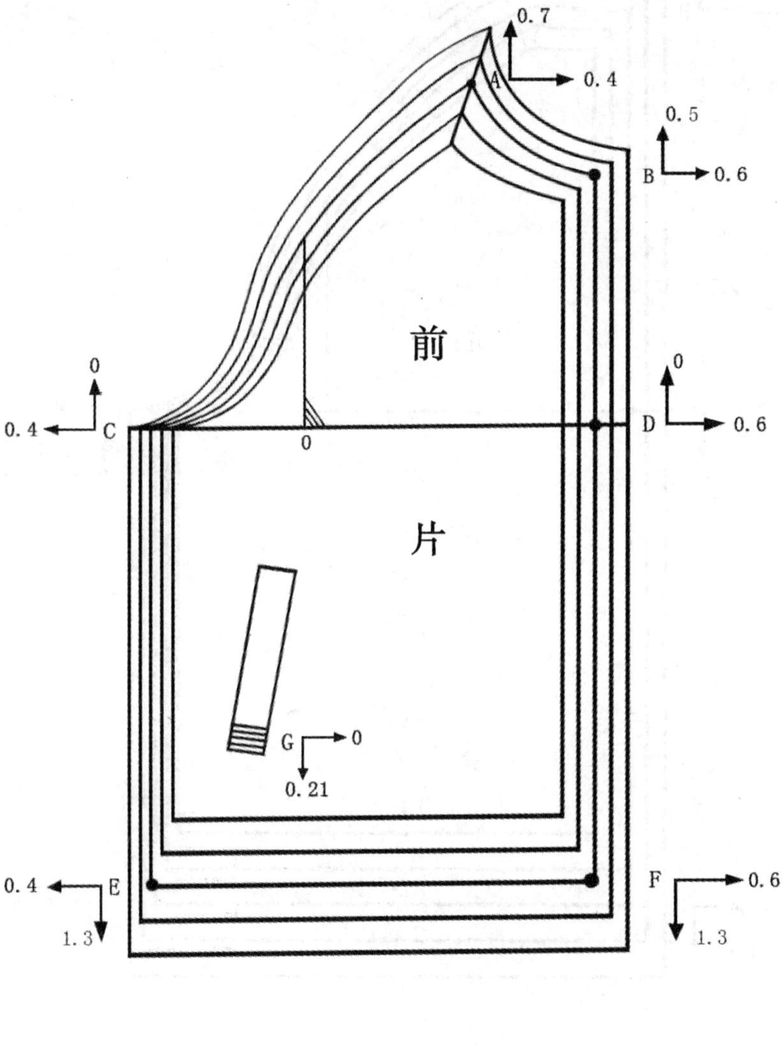

2. 男式插肩袖茄克衫后片推板

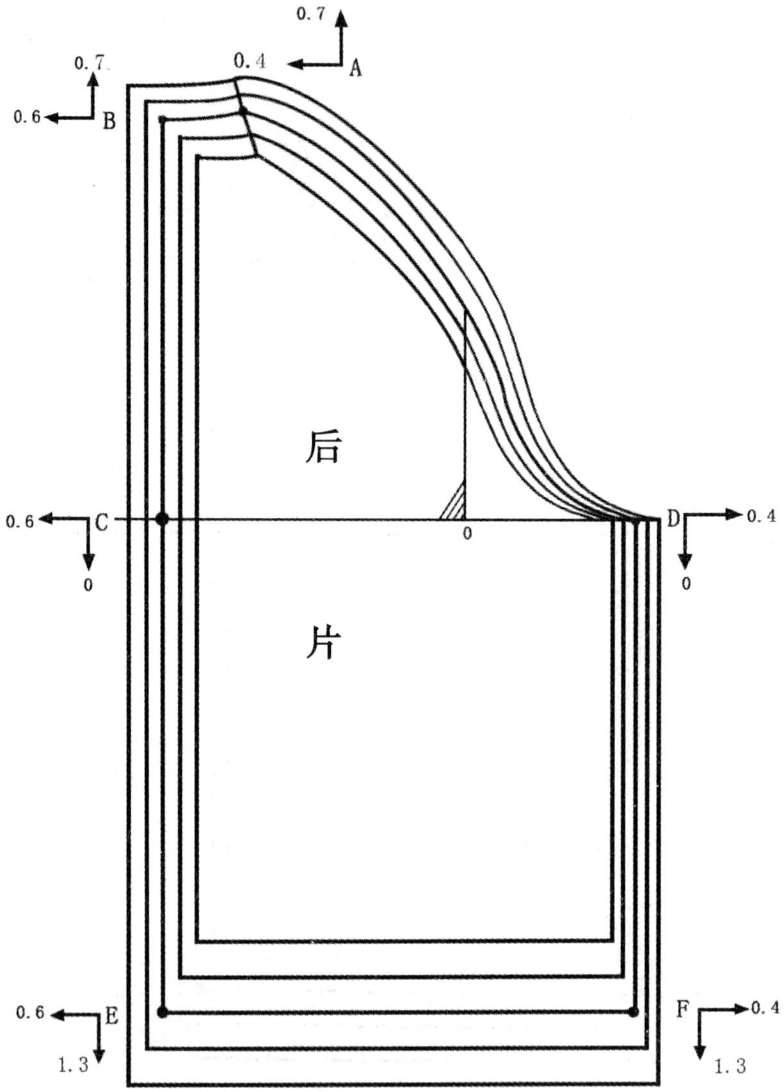

3. 男式插肩袖茄克衫前袖片推板

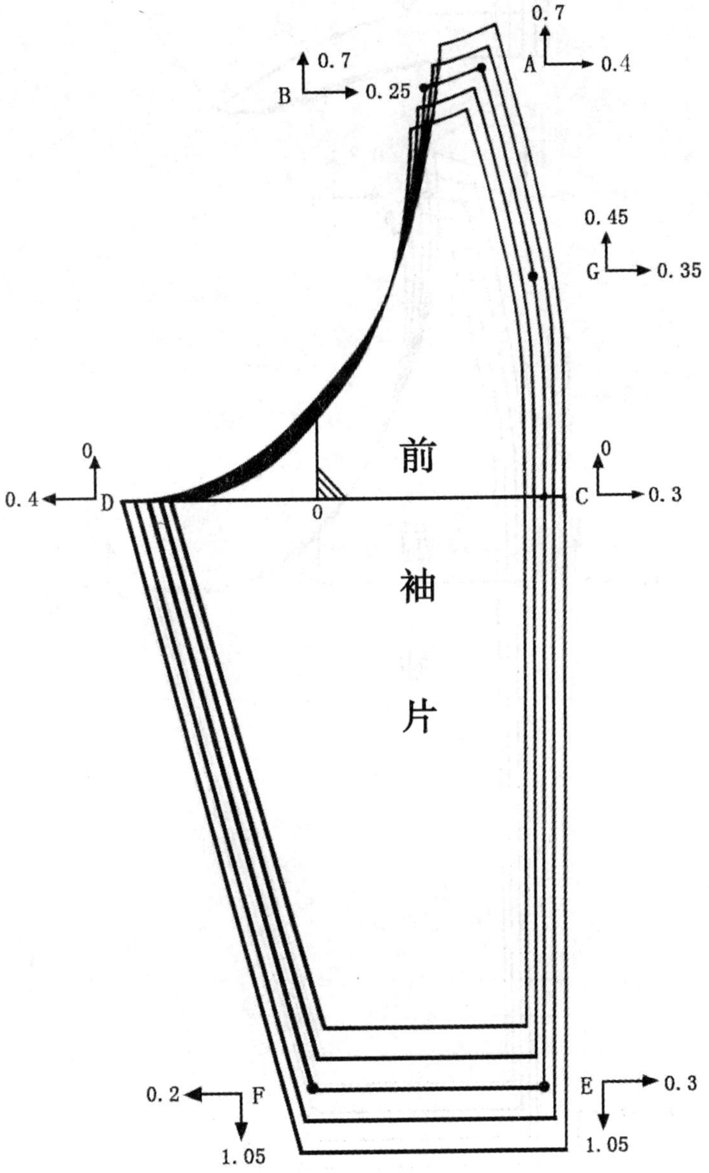

4. 男式插肩袖茄克衫后袖片、领片推板

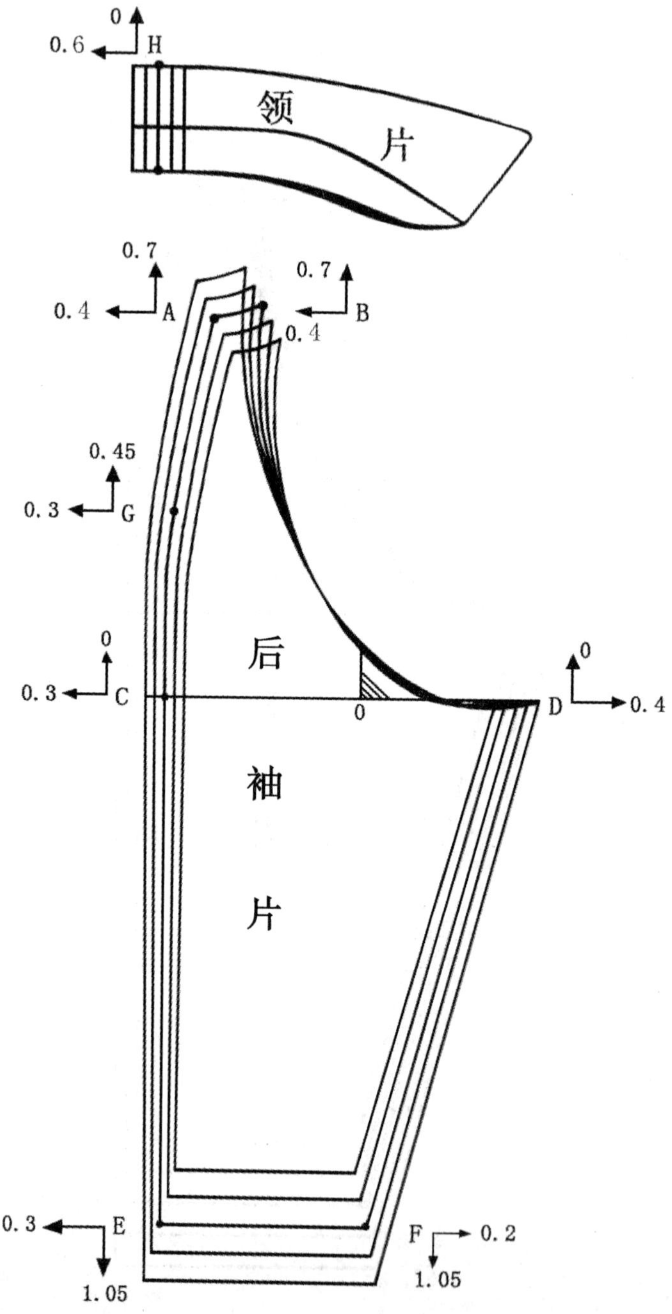

第六节　女式开片式春秋装推板

一、款式图

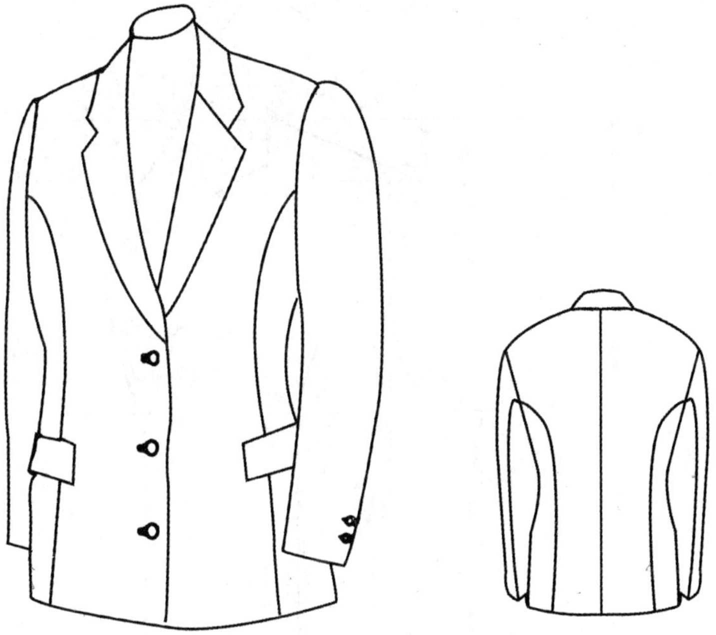

二、女式开片式春秋装成品规格及档差

单位：cm

号型 规格	155/76A	160/80A	165/84A	170/88A	175/92A	档差
衣长	62	64	66	68	70	2
背长	36	37	38	39	40	1
胸围	90	94	98	102	106	4
领围	36	37	38	39	40	1
袖长	54.5	56	57.5	59	60.5	1.5
袖口	12	12.5	13	13.5	14	0.5

三、母板结构制图

女式开片式春秋装中间号型（母型板）规格尺寸　　单位：cm

号/型	衣长	背长	胸围	领围	袖长	袖口
165/84A	66	38	98	38	57.5	13

1．女式开片式春秋装前片结构制图

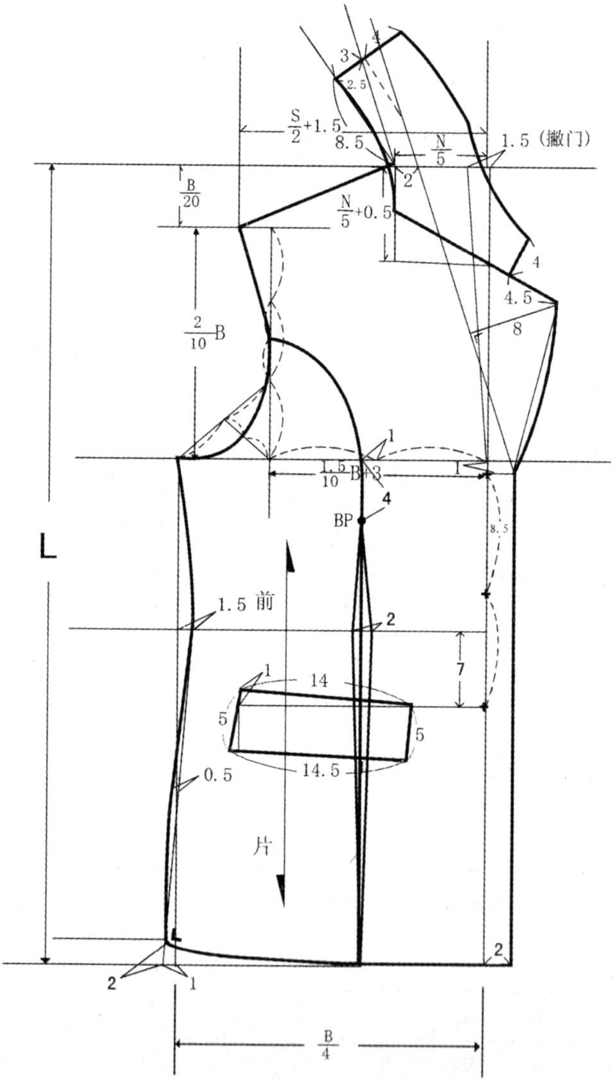

2. 女式开片式春秋装后片结构制图

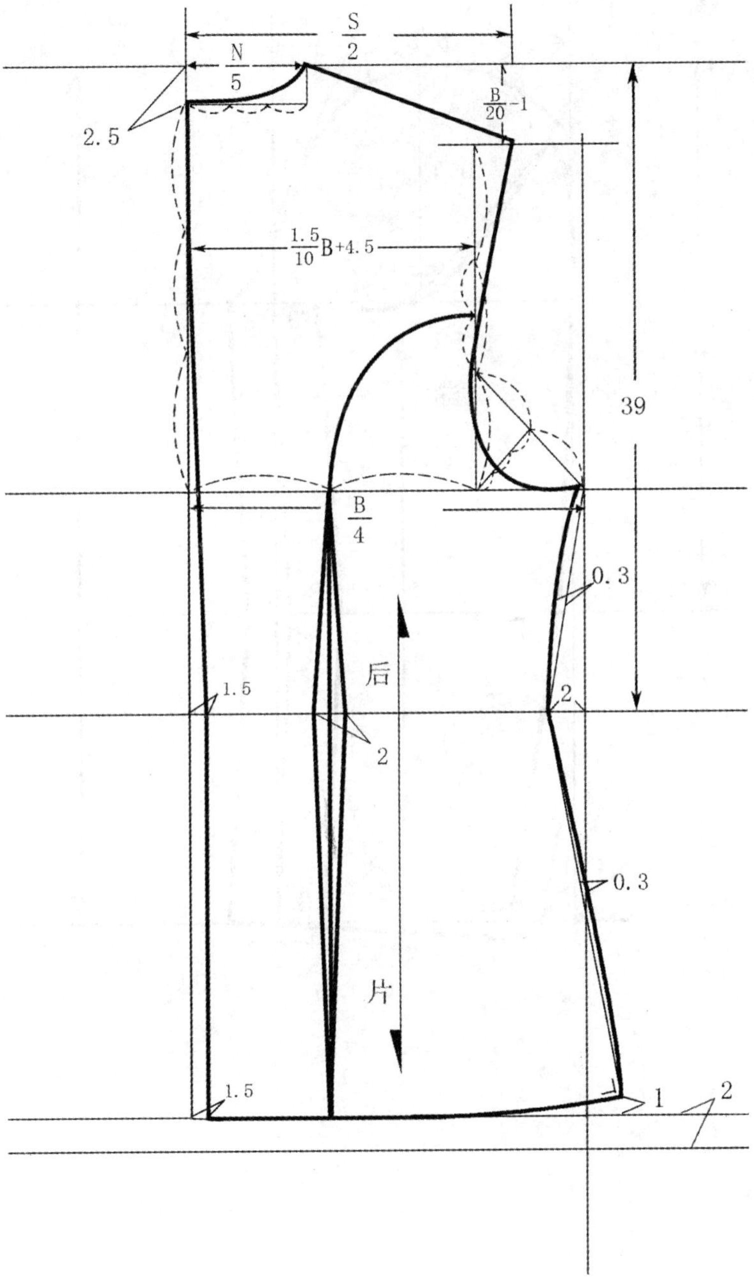

3. 女式开片式春秋装袖片结构制图

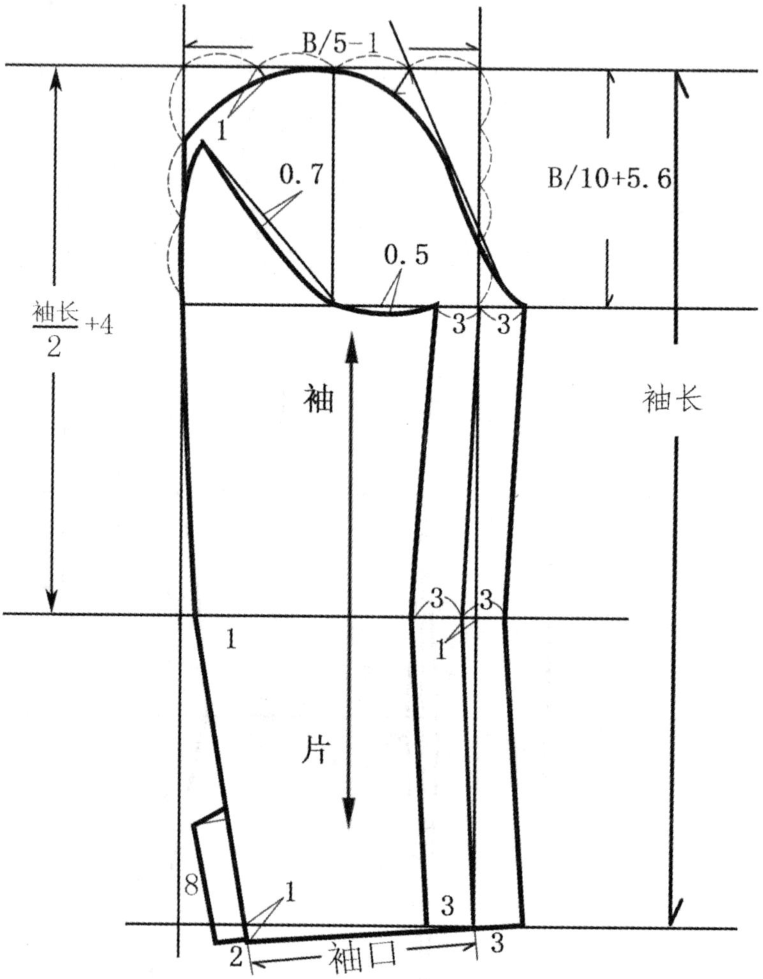

四、排料图

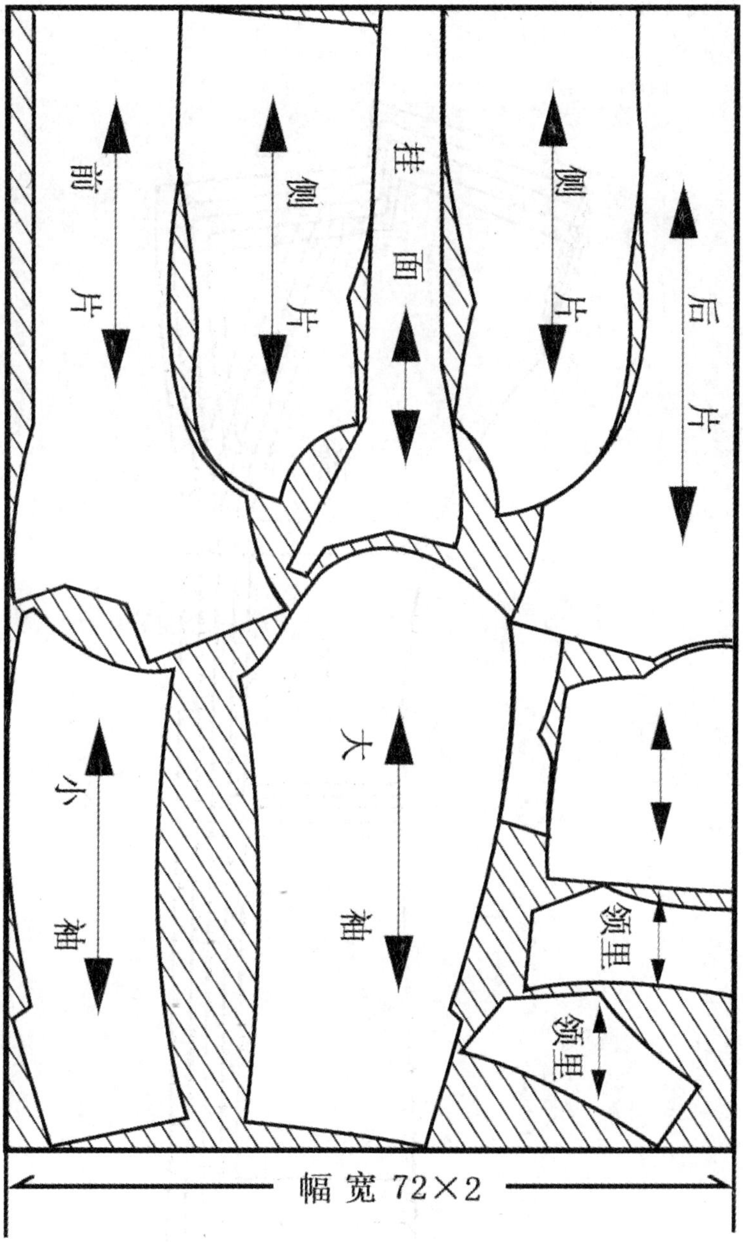

五、女式开片式春秋装推板

1. 女式开片式春秋装前片推板

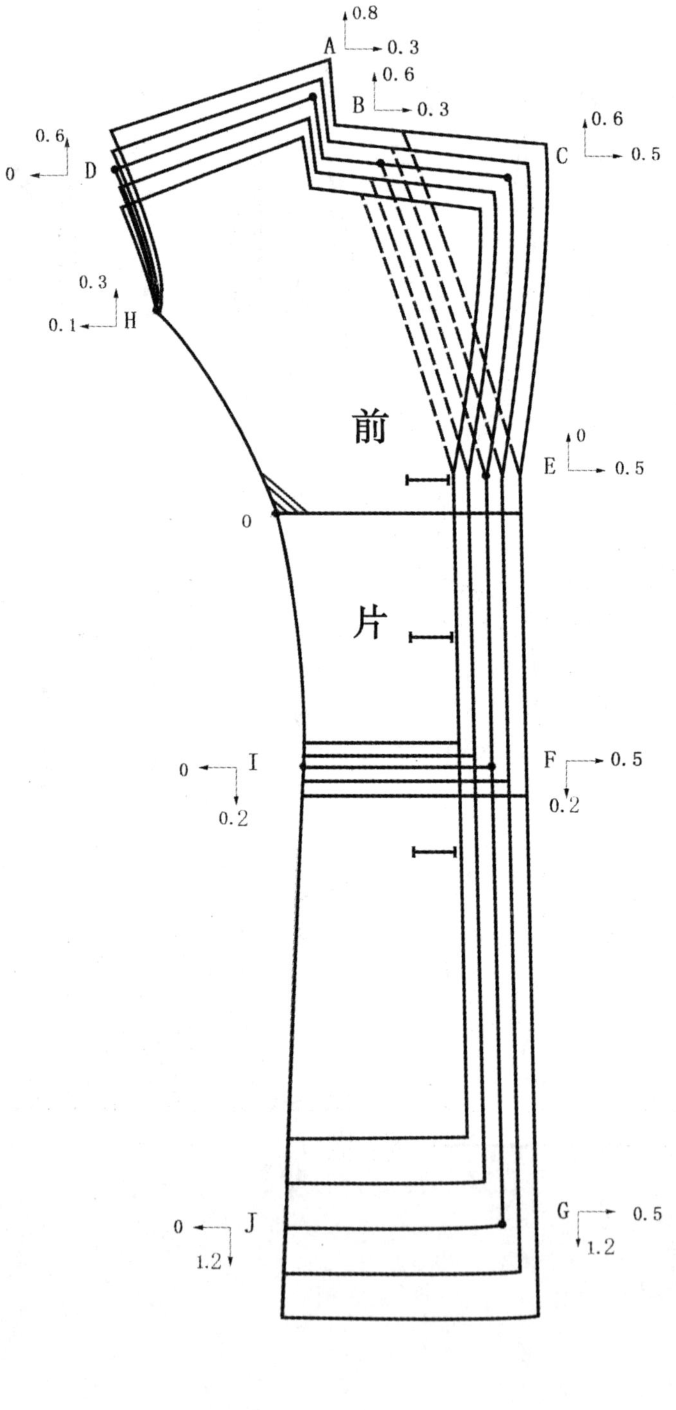

2. 女式开片式春秋装后片推板

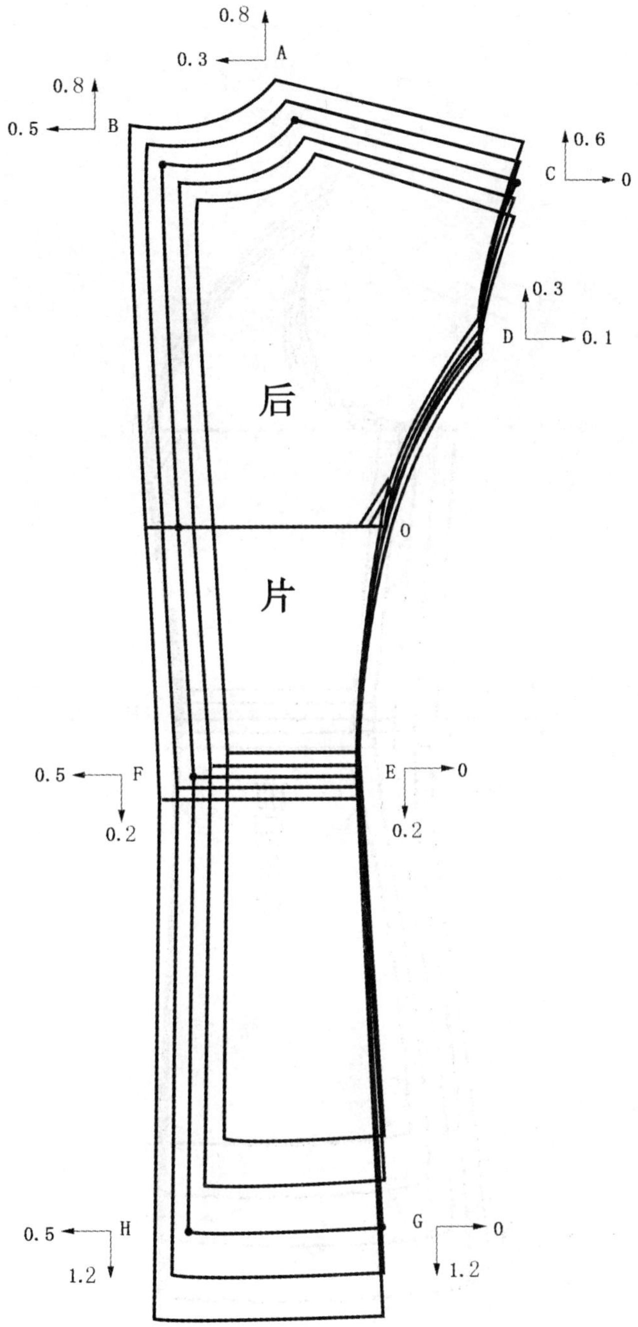

3. 女式开片式春秋装前侧身片推板

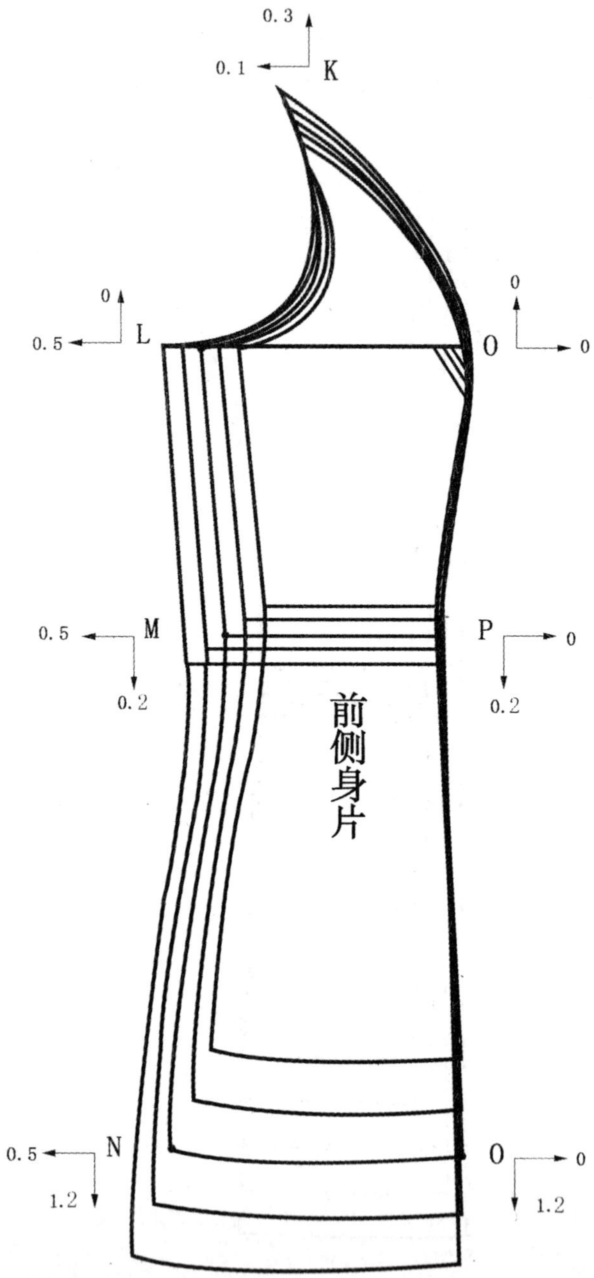

4. 女式开片式春秋装后侧身片推板

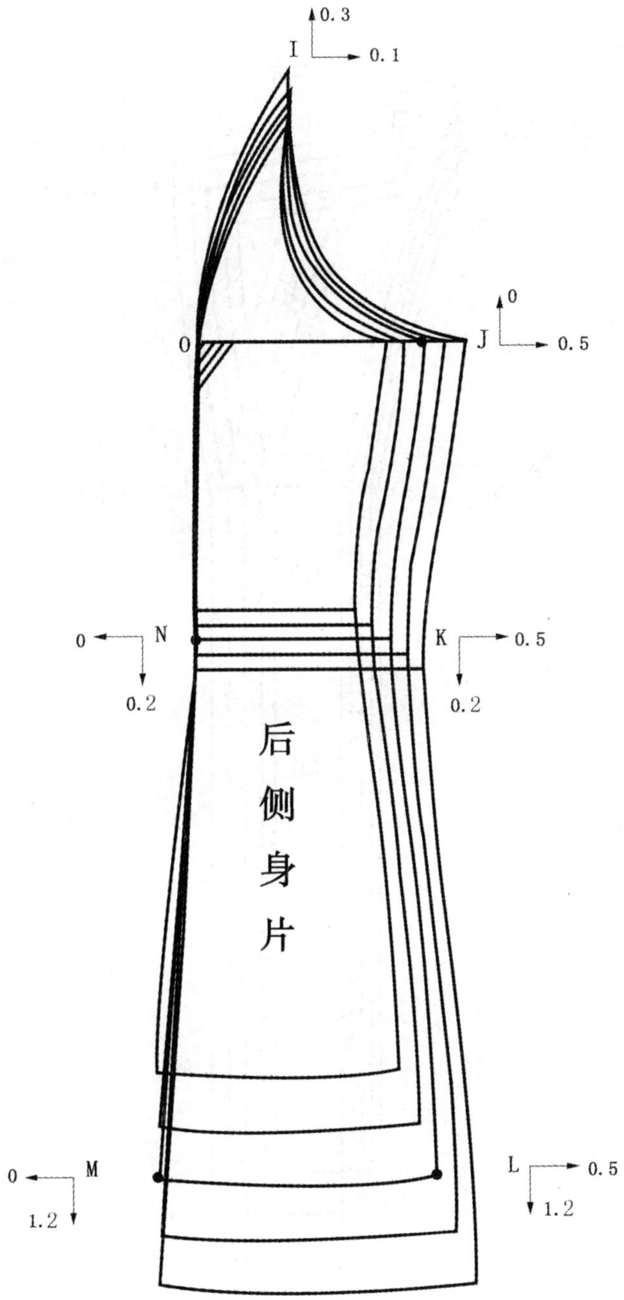

5. 女式开片式春秋装挂面推板

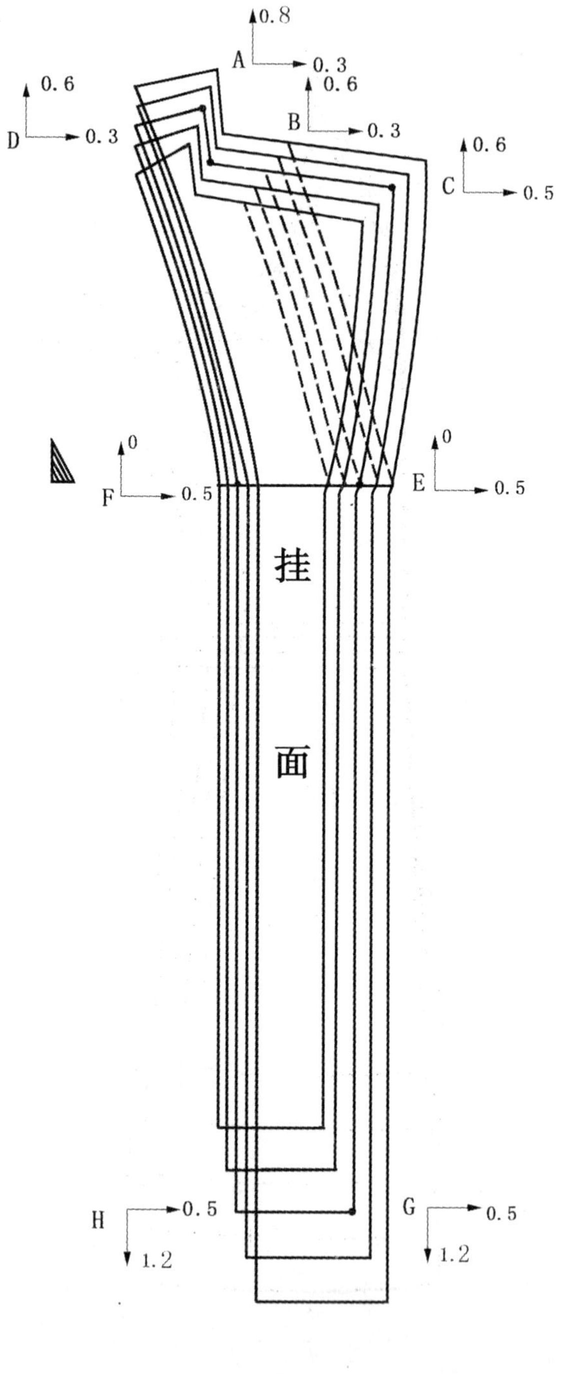

6. 女式开片式春秋装大袖袖片推板

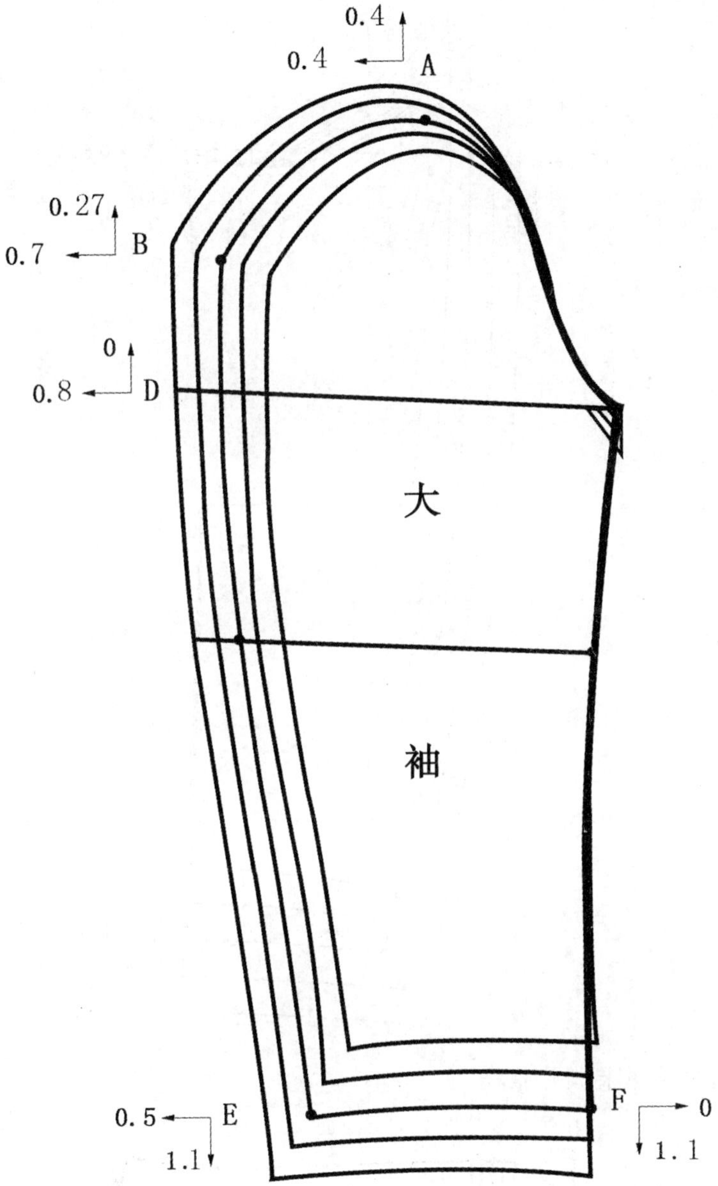

7. 女式开片式春秋装小袖袖片推板

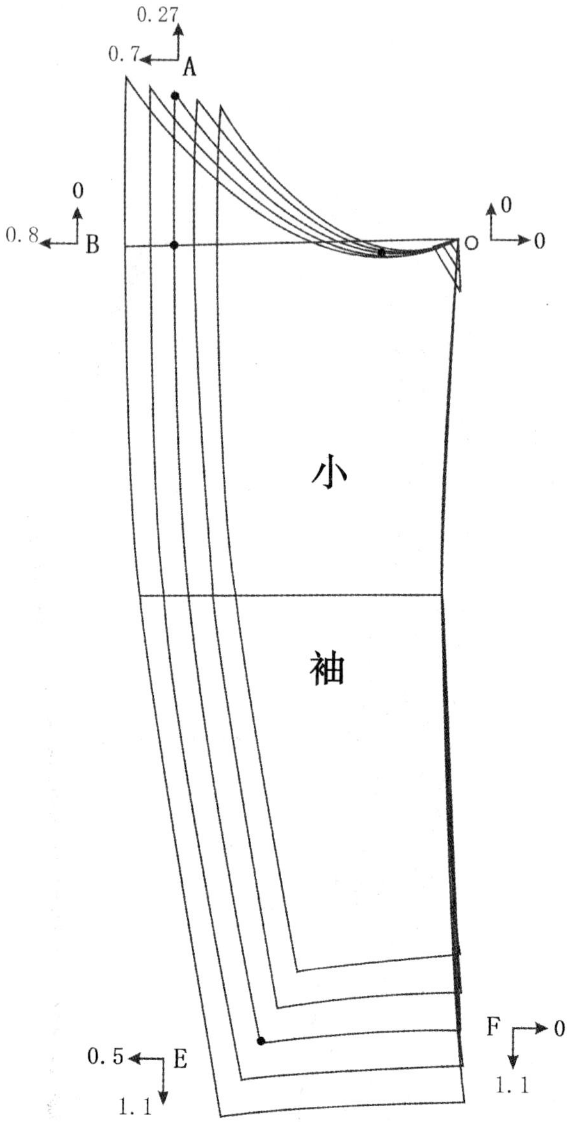

8. 女式开片式春秋装领片推板

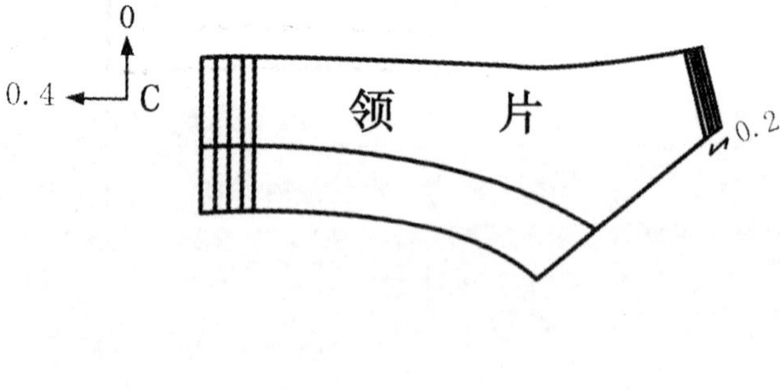

第七节　男式西服推板

一、款式图

二、男式西服成品规格及档差

单位：cm

号型 规格	165/84A	170/88A	175/92A	180/96A	185/100A	档差
衣长	72	74	76	78	80	2
背长	42	43	44	45	46	1
胸围	100	104	108	112	116	4
领围	38	39	40	41	42	1
袖长	57	58.5	60	61.5	63	1.5
半袖口	14	14.5	15	15.5	16	0.5
肩宽	45	46	47	48	49	1
驳宽	8.0	8.0	8.0	8.0	8.0	0

三、母板结构制图

男式西服中间档（母型板）规格尺寸　　单位：cm

号/型	衣长	背长	胸围	领围	袖长	半袖口	肩宽
175/92A	76	44	108	40	60	15	47

1. 男式西服袖片结构制图

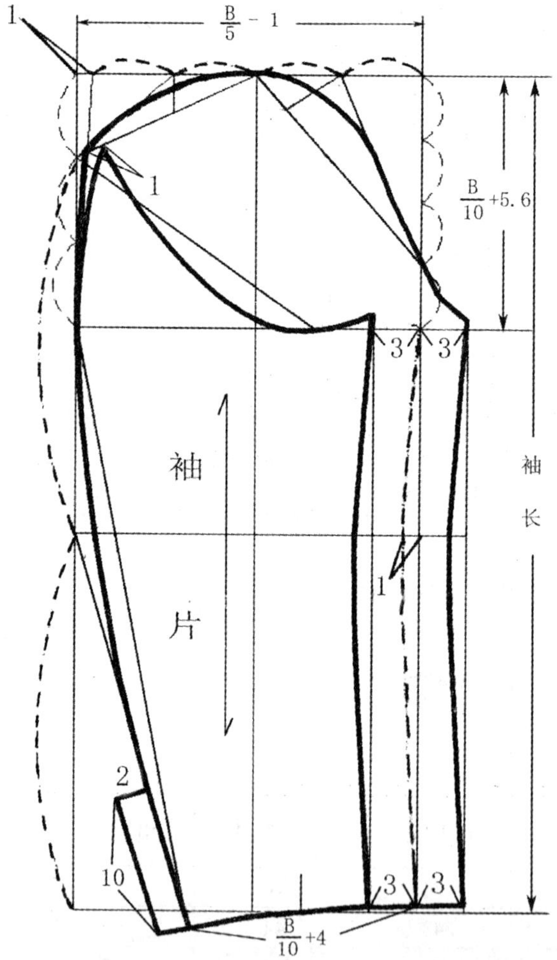

2. 男式西服前片、后片、领片结构制图

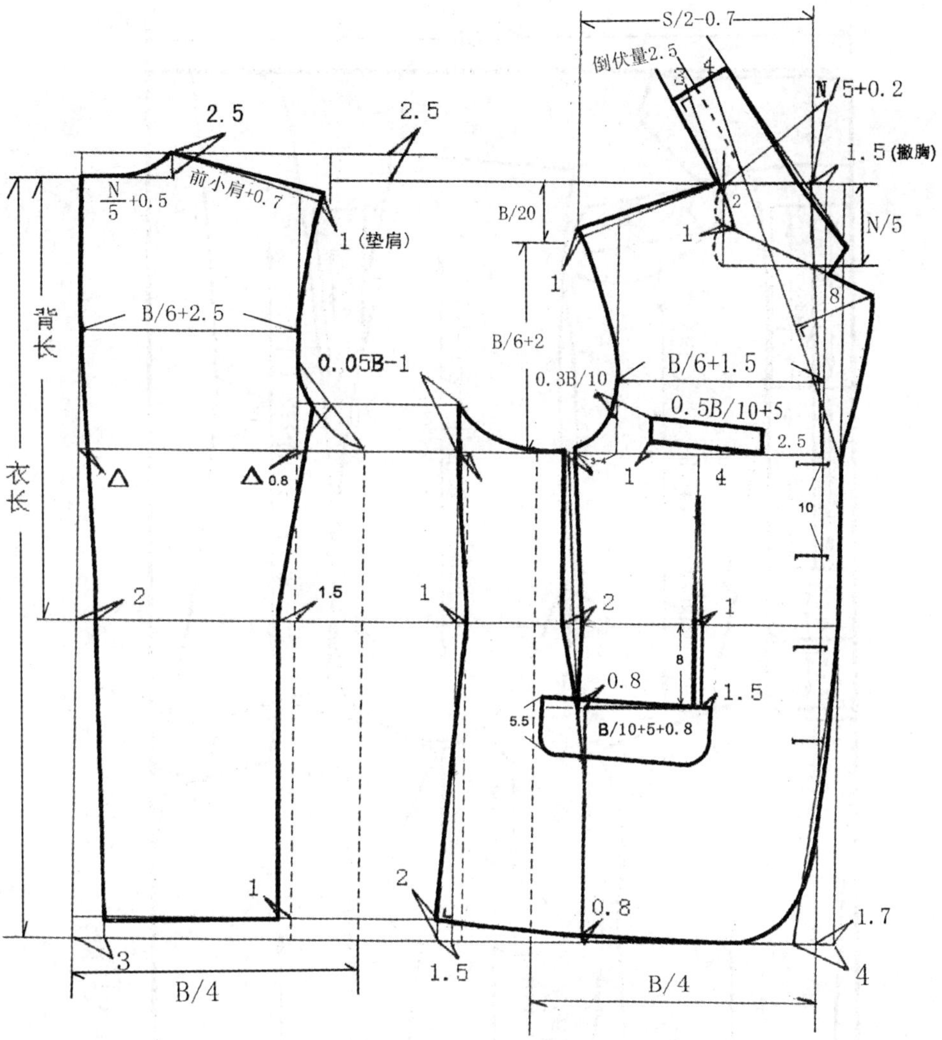

四、排料图

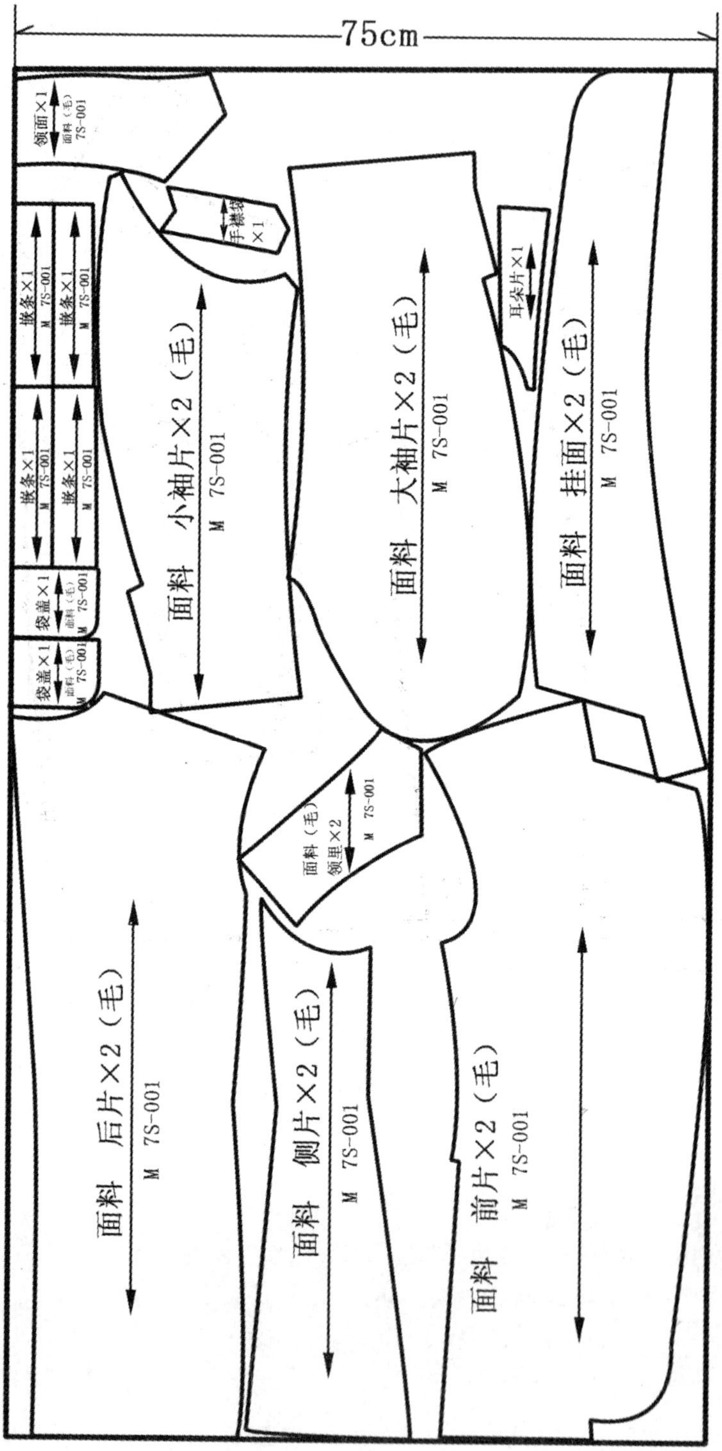

门幅：150cm 用料：150cm×1件

五、男式西服推板

1. 男式西服前片推板

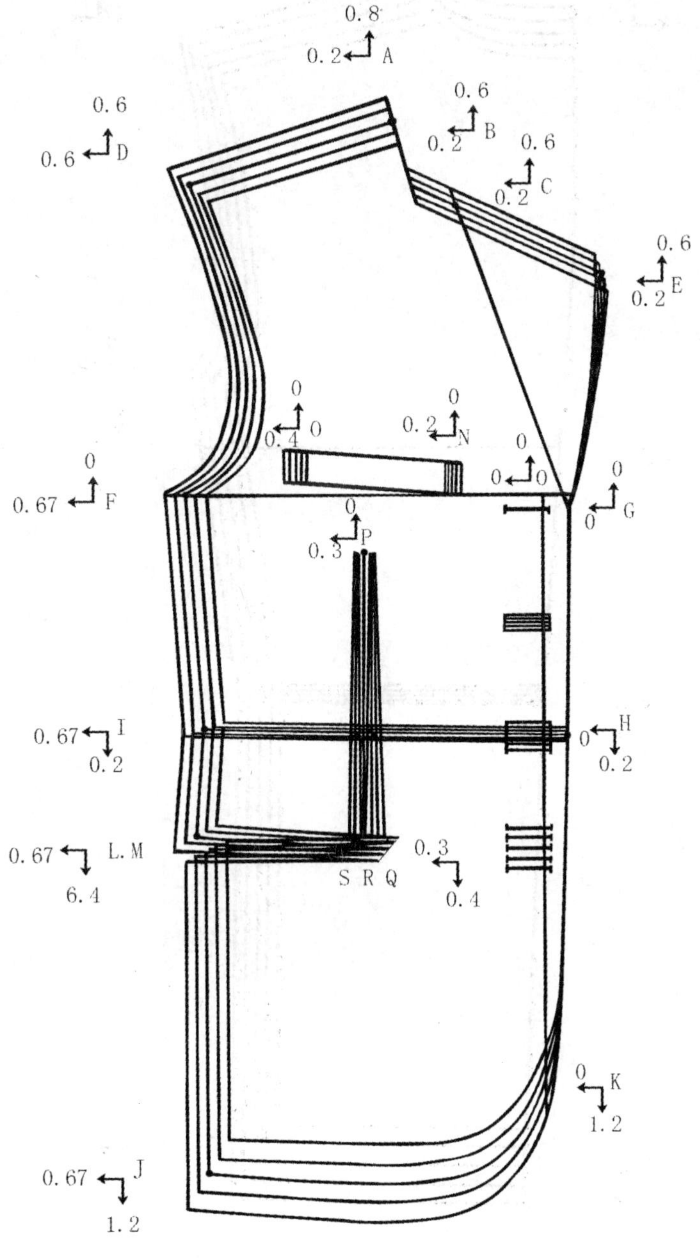

2. 男式西服后片推板

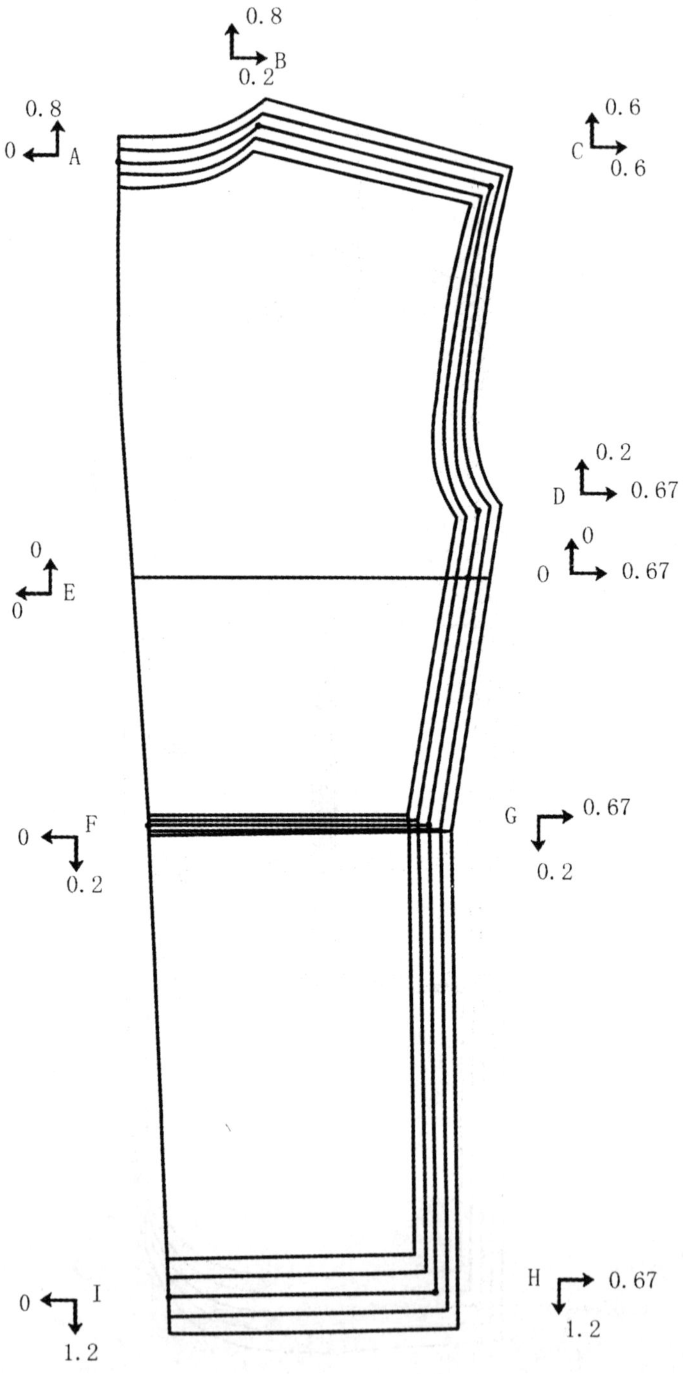

3. 男式西服侧片推板

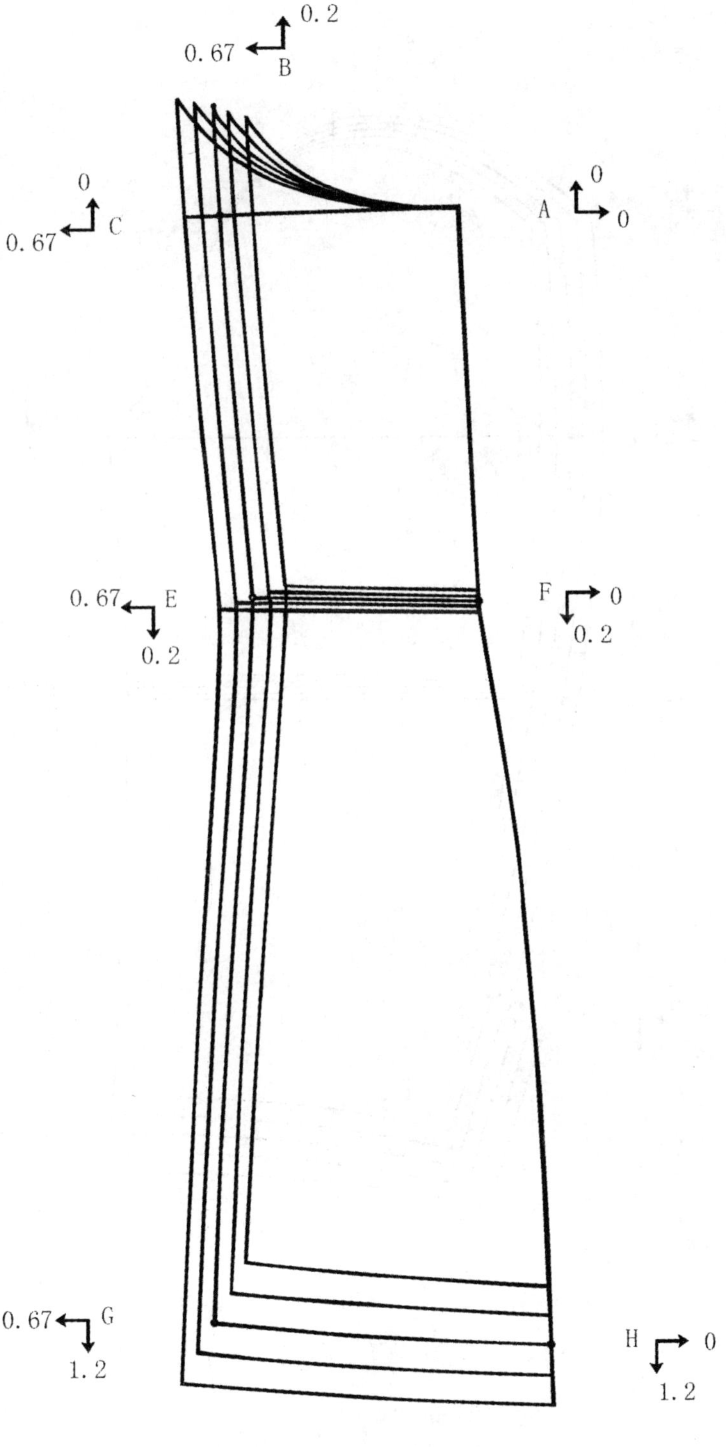

4. 男式西服大袖推板

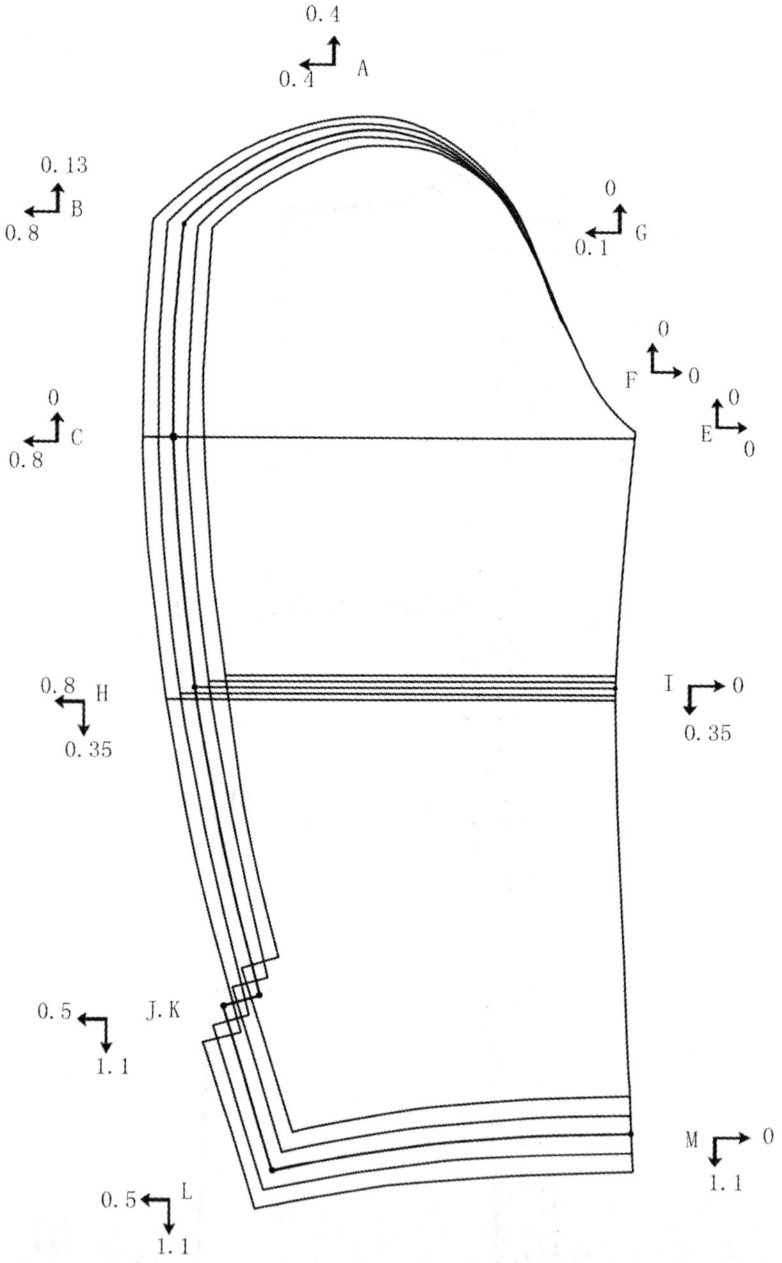
0.4
0.4
A
0.13
B
0.8
0
G
0.1
0
F
0
0
C
0.8
0
E
0
0.8
H
0.35
I
0
0.35
0.5
J.K
1.1
M
0
1.1
0.5
L
1.1

5. 男式西服小袖推板

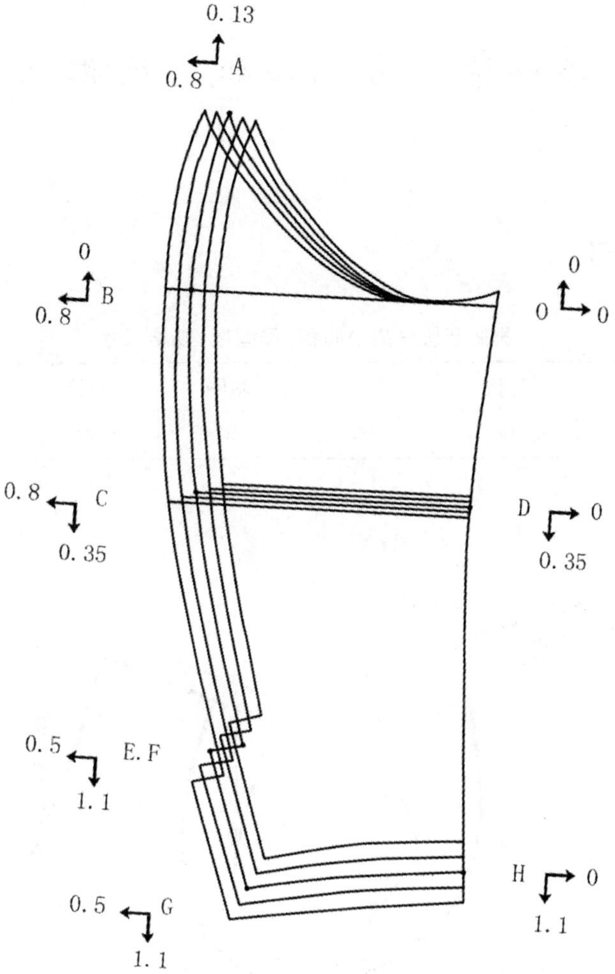

6. 男式西服领片推板

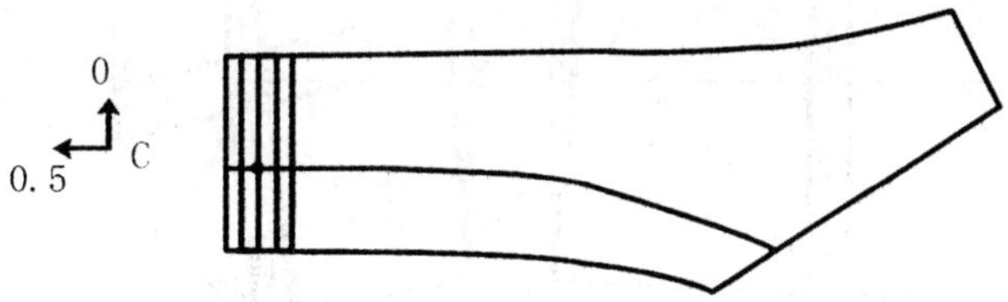

第八节 男式西服马夹推板

一、母板结构制图

男式西服马夹中间档(母型板)规格尺寸 单位：cm

号/型	衣长	背长	胸围	领围	袖长	半袖口	肩宽
175/92A	76	44	108	40	60	15	47

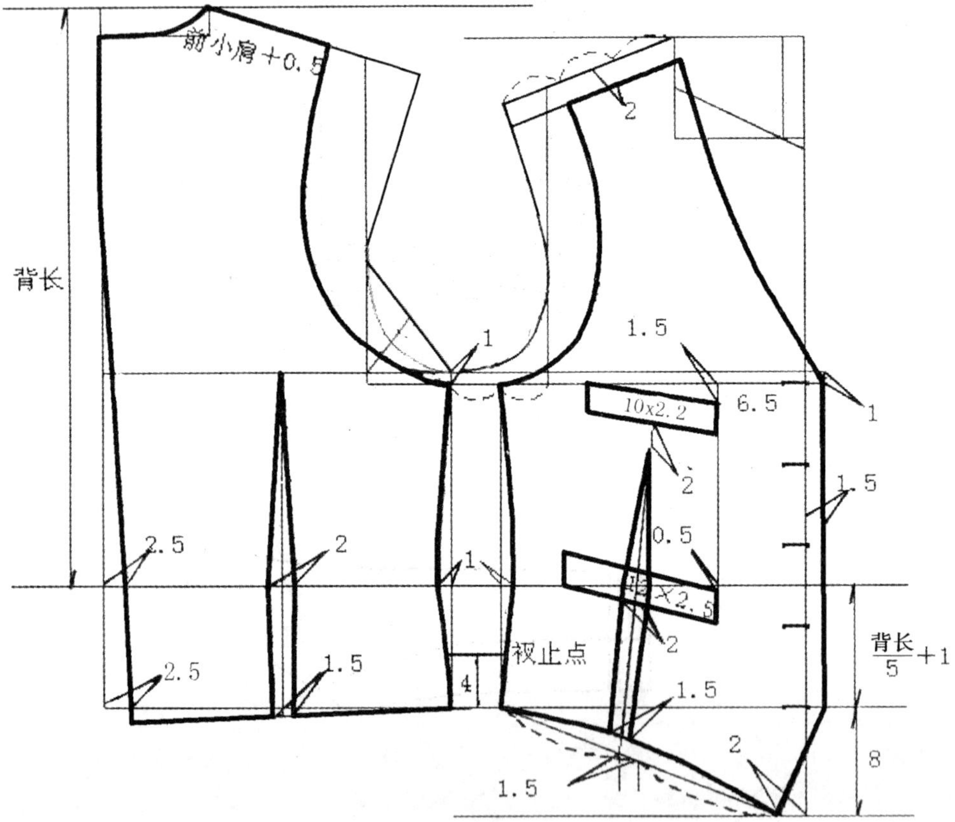

二、男式西服马夹推板

1. 男式西服马夹前片推板

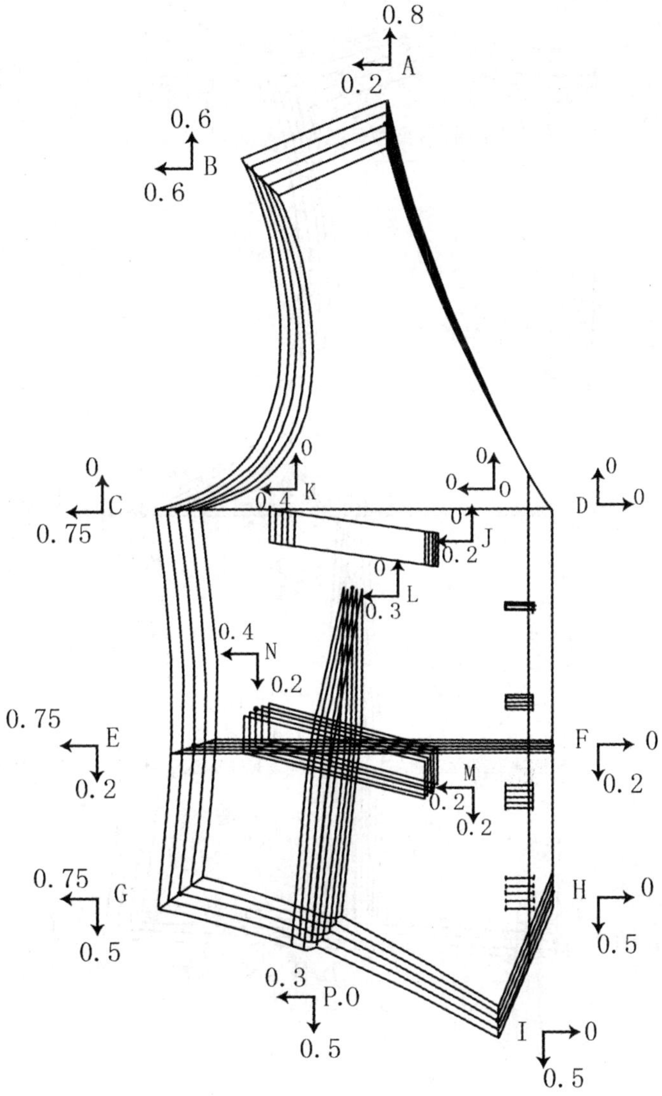

2. 男式西服马夹后片推板

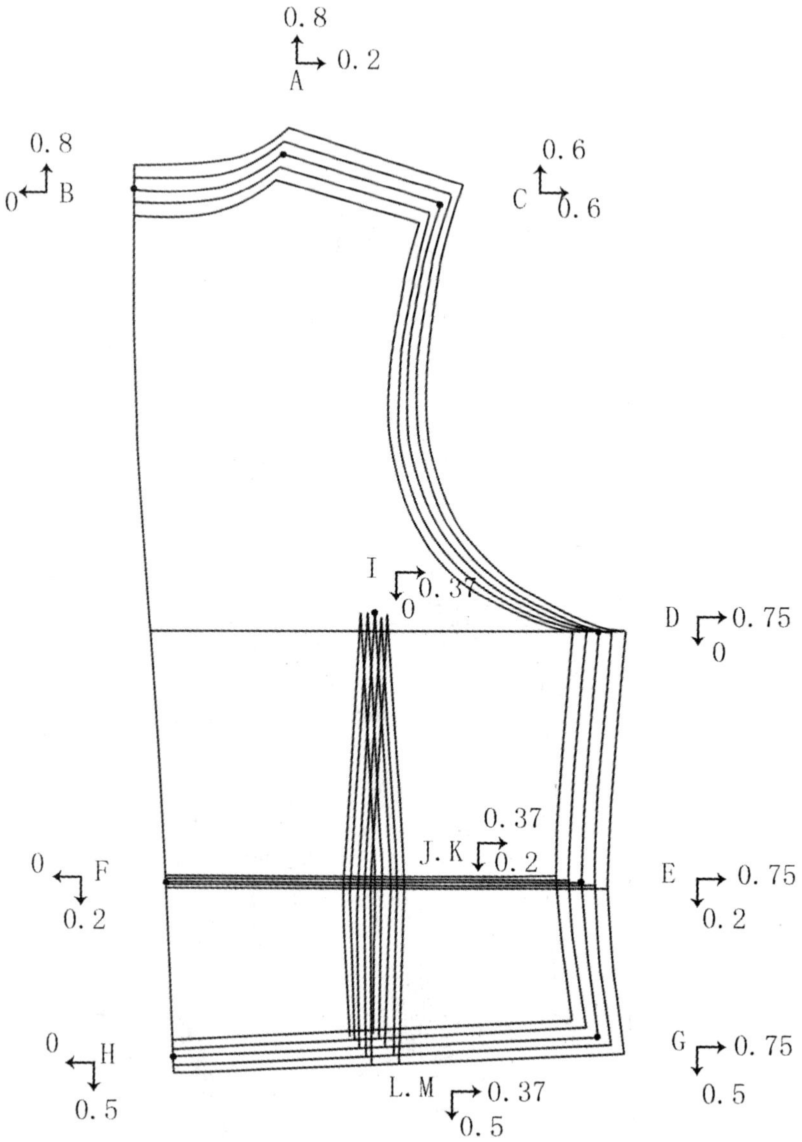

第九节　女式开片式风衣推板

一、款式图

二、女式风衣成品规格及档差

单位：cm

号型 规格	155/80A	160/84A	165/88A	170/92A	175/96A	档差
衣长	97	100	103	106	109	3
胸围	96	100	104	108	112	4
肩宽	40	41	42	43	44	1
领围	42	43	44	45	46	1
腰围	80	84	88	92	96	4
臀围	100	104	108	112	116	4
袖长	56.5	58	59.5	61	62.5	1.5
袖口	14.5	15	15.5	16	16.5	0.5

三、母板结构制图

女式风衣中间号型（母型板）规格尺寸　　单位：cm

号/型	衣长	胸围	肩宽	领围	腰围	臀围	袖长	袖口
165/88A	103	104	42	44	88	108	59.5	15.5

1. 女式开片式风衣袖片结构制图

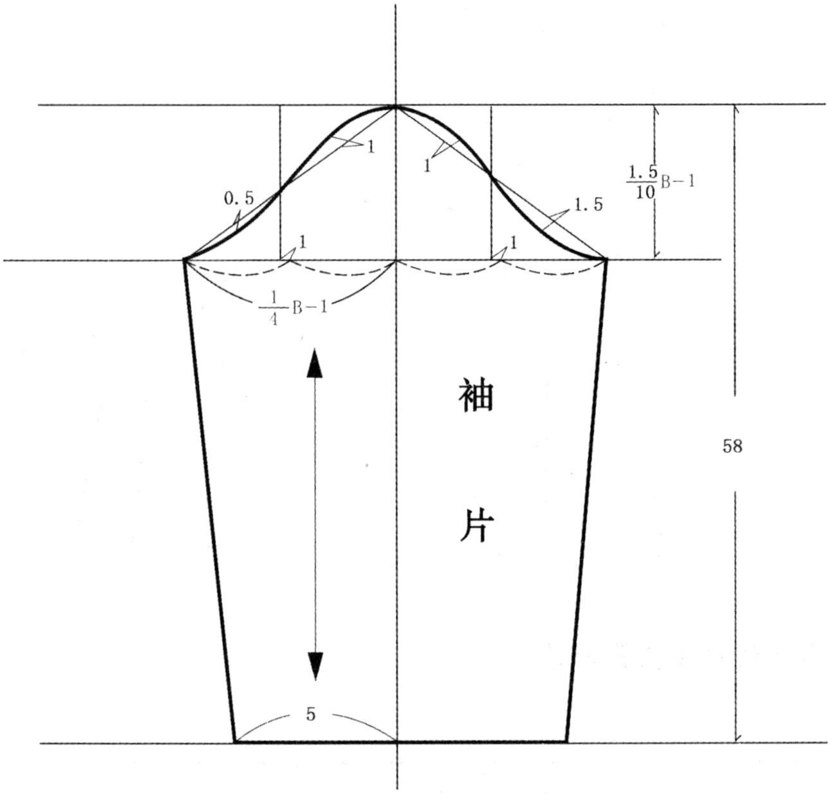

2. 女式开片式风衣前片、后片结构制图

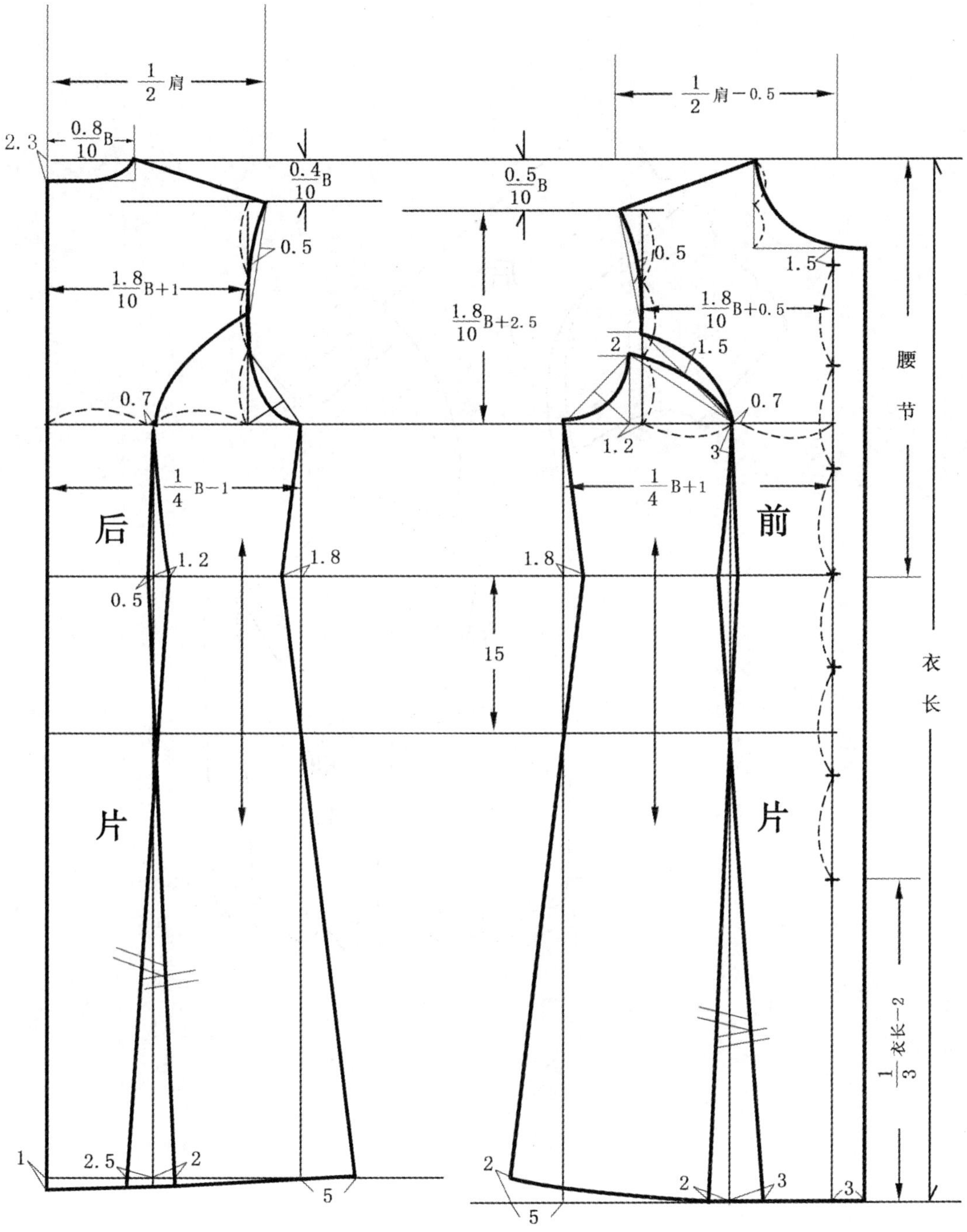

3. 女式开片式风衣领片结构制图

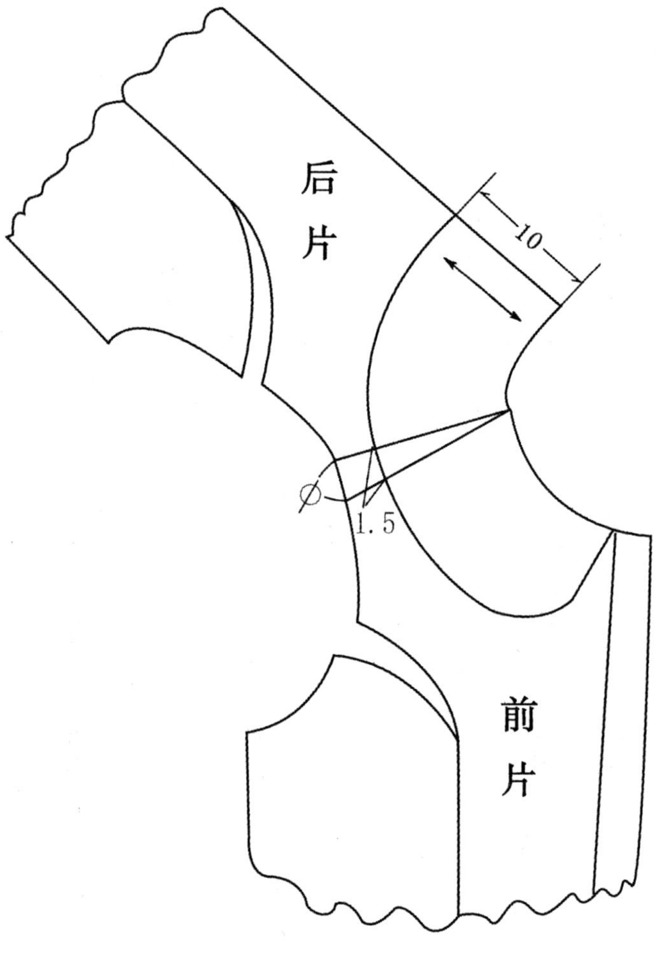

四、排料图

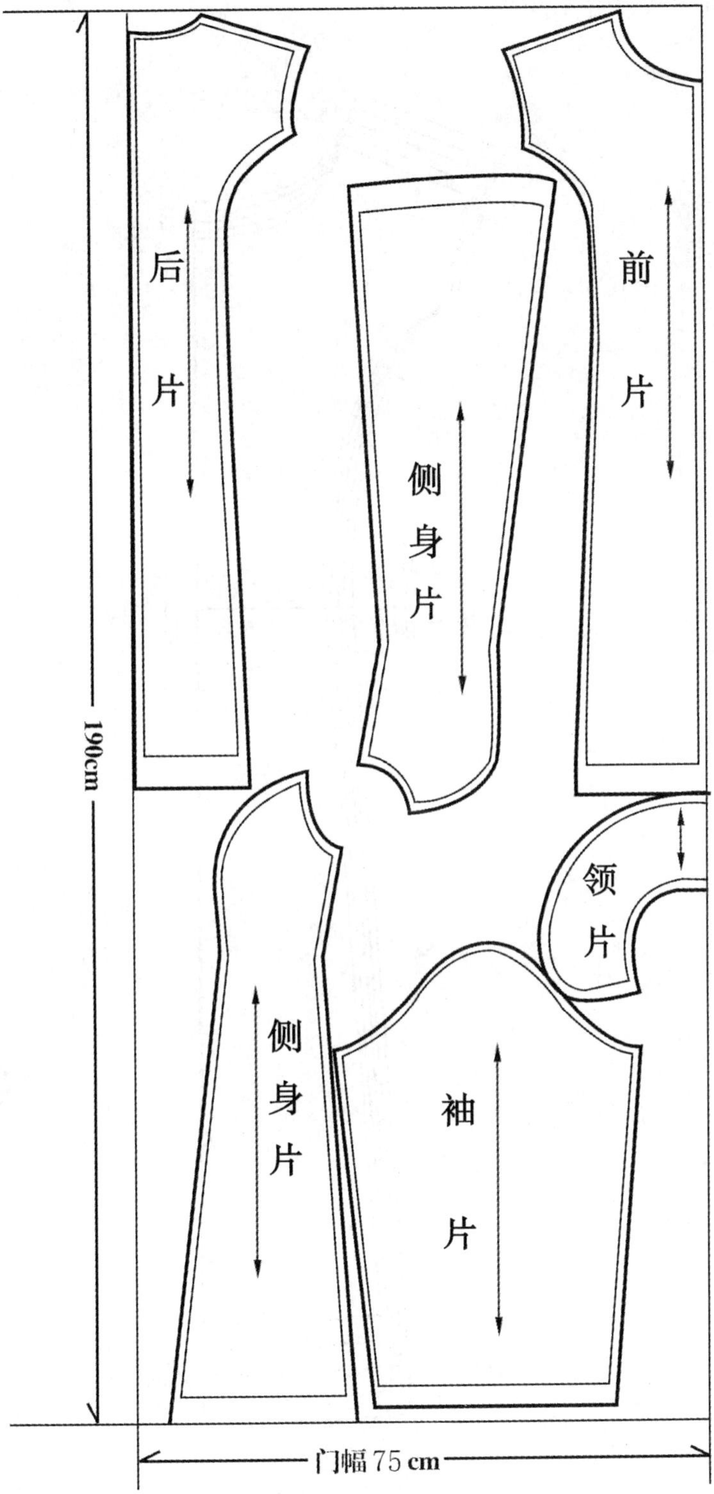

五、女式开片式风衣推板

1. 女式开片式风衣前片推板

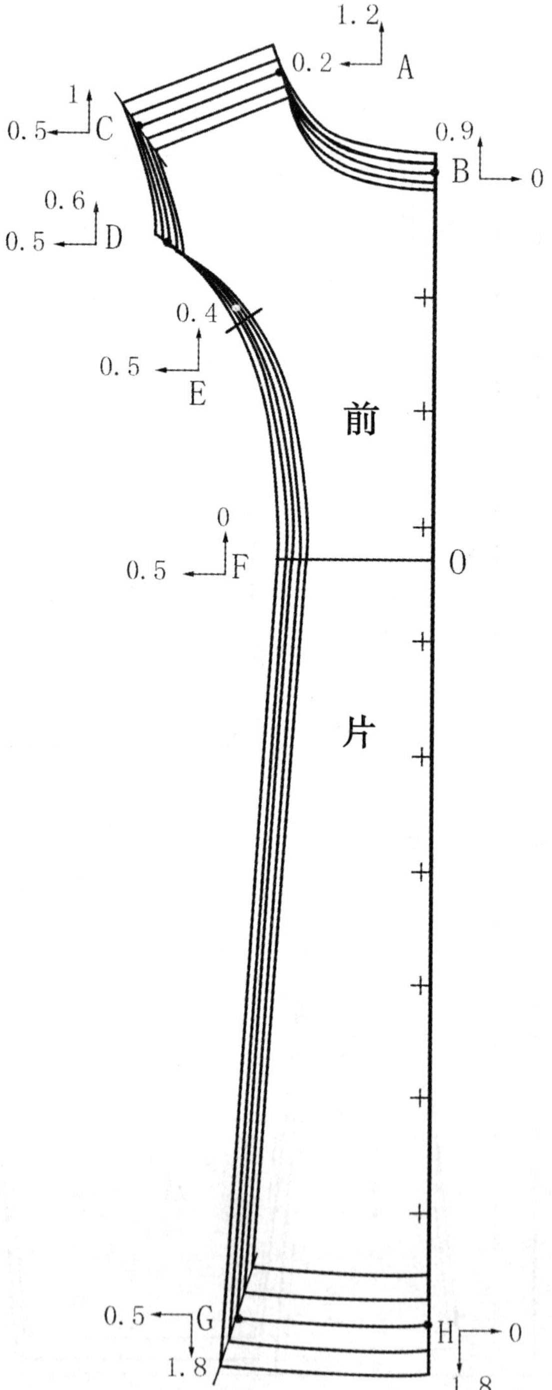

2. 女式开片式风衣后片推板

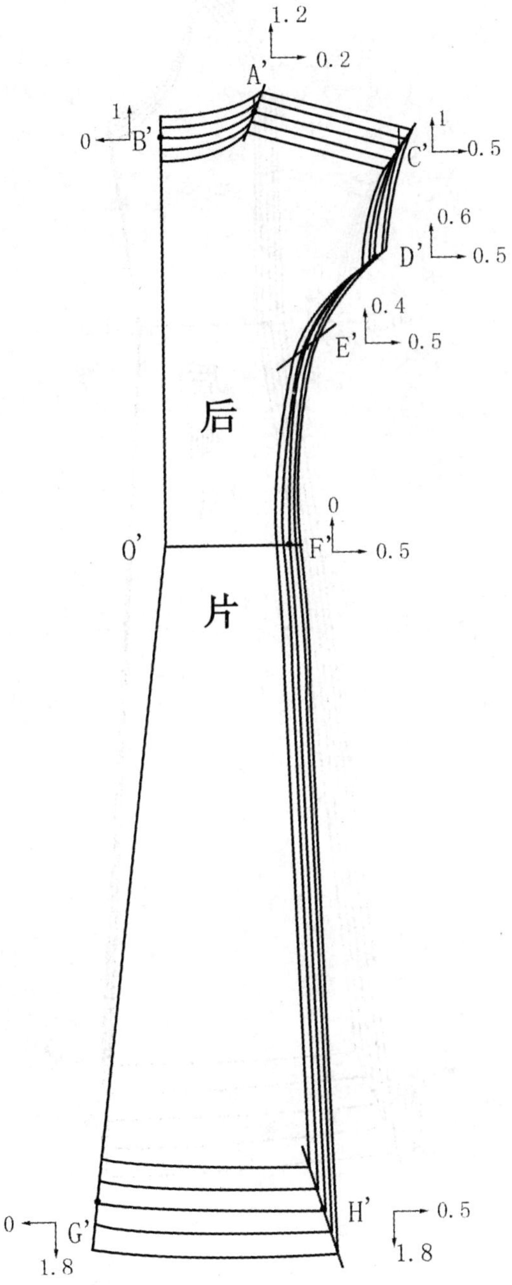

3. 女式开片式风衣后侧片推板

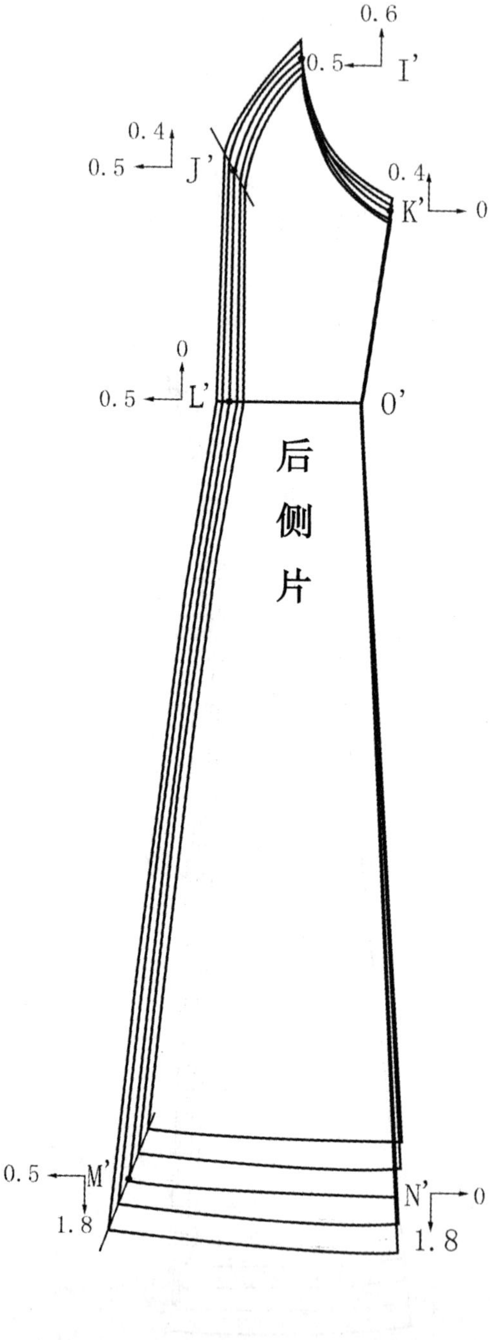

4. 女式开片式风衣前侧片推板

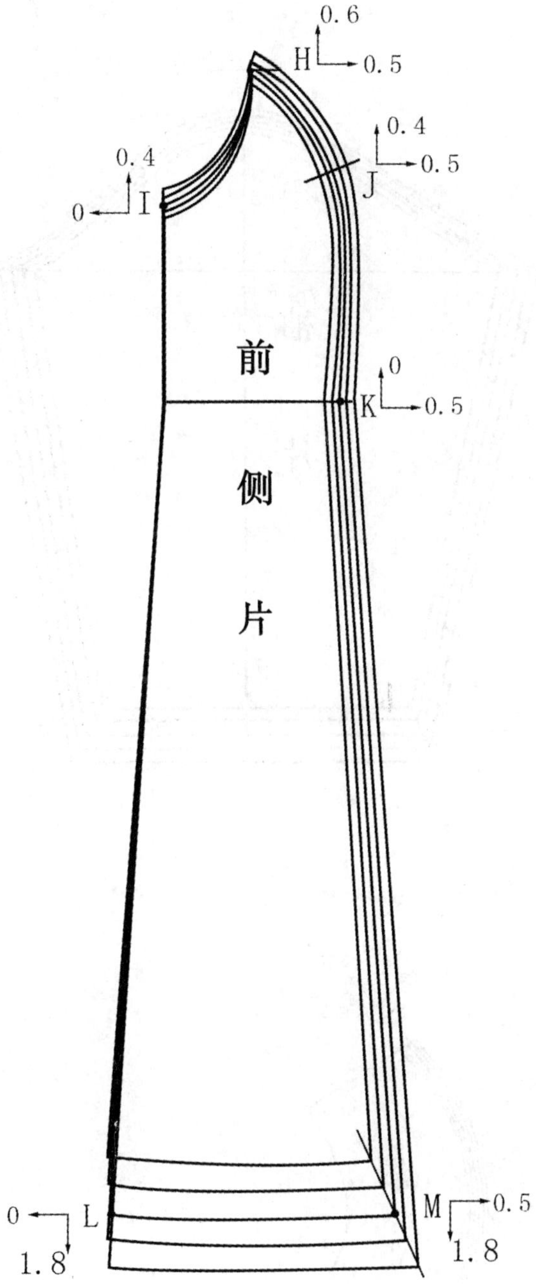

5. 女式开片式风衣袖片推板

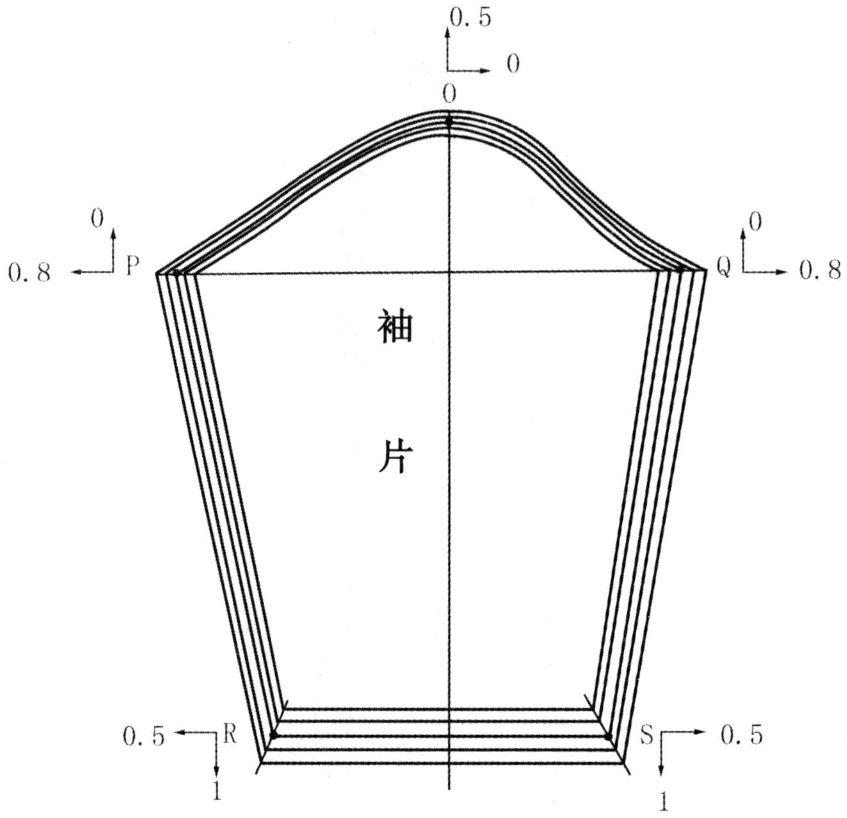

6. 女式开片式风衣领片推板

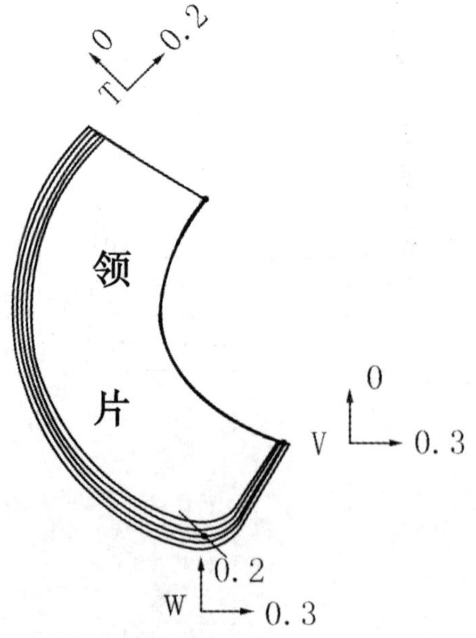

第五章

特殊体型的打板与推板

第一节　特殊体型概述

我们经常要提到正常体这个概念。所谓正常体，就是指身体发育正常，各部位基本对称、均衡。而特殊体型是指体型发展不均衡，超越正常体型范围的各种体型。对特殊体型进行制图，首先要认识特殊人体体型。

人体除了头部以外，基本上是由躯干、上肢和下肢三部分组成。从服装应用的角度考察人体，躯干的胸、背、肩、腰、腹、臀和下肢的大腿、膝、小腿等各部位的特征，对服装造型是否适体影响最大，应认识、掌握这些部位特征的变异。

一、肩部特殊变异

肩部特征对服装的影响较大，通常在区别人体时，把肩部特征作为一个重点来考虑。

1. 肩部一般特征

男性肩部特征：宽而平，锁骨的弯曲度较大。浑厚健壮，肩峰端点较明显。女性肩部特征：较窄、扁平，向下倾斜。锁骨的弯曲度较小，肩峰端点不明显。老年人肩部特征：因脊椎曲度增大，两肩明显下垂，肩峰前倾，骨骼显露。儿童肩部特征：窄而薄，锁骨不明显。

2. 肩部特殊体型判别

服装上衣制图，按照肩部的高低分为正常体、端肩体和溜肩体三种基本类型。一般用两种方法进行测定判别。

（1）肩斜角法

即测定颈肩点向肩外缘，与从颈肩点外伸的水平线的夹角。正常肩的夹角一般为19°～22°。凡小于19°者为端肩，大于22°者为溜肩。见图5-1。

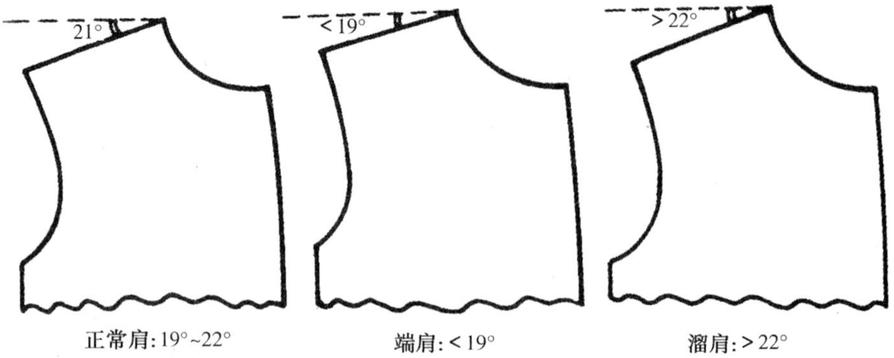

图 5-1

(2) 肩高测定法

以第七颈椎棘突点为准,用硬尺保持水平,伸向肩外缘,再用一短尺垂直量至肩峰。根据经验判断,正常人体肩高为 4.5 ~6cm,小于 4.5cm 为端肩,大于 6cm 为溜肩。

二、胸部的特殊变异

胸部特征对服装上衣裁剪制图、缝制的造型和质量有直接的影响。

1. 胸部一般特征

男性胸部特征:较长而宽阔,胸肌健壮,凹窝明显,但乳腺不发达,仅见乳头。

女性胸部特征:较窄而短,乳腺发达,呈圆锥状隆起,中胸沟、侧胸沟都比较明显。青年女性因胸前和乳房脂肪较多而显丰满,中年以后女性乳房逐渐松弛下垂。

老年人胸部特征:较青年人平坦,胸肌松弛下垂,乳部及乳下皱纹显著。

儿童胸部特征:短而阔,凹窝不明显。

2. 胸部特殊体型判别

(1) 胸坡角测定法

胸坡角如图 5-2 所示,即通过颈窝点 a 作胸围线的垂线交于 b 点,连接 a 点与胸高点 c,∠cab 即为胸坡角。根据测定,正常体男性∠cab 为 20°,正常体女性∠cab 为 24°,凡男性∠cab 大于 20°或女性∠cab 大于 24°者,即为不同程度的挺胸体。

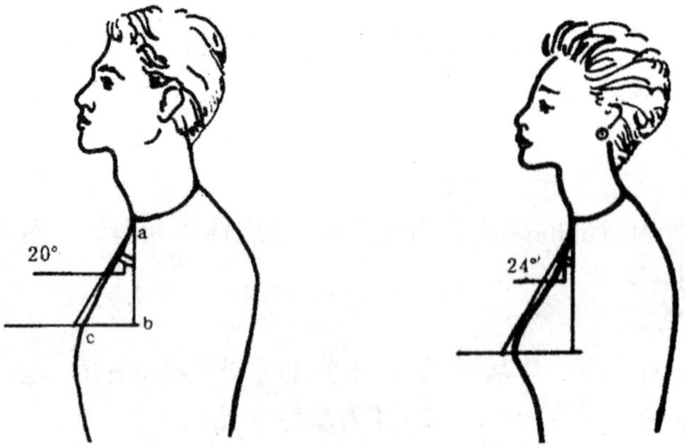

图 5-2

（2）前宽后宽对比法

在一般情况下，人体的前胸宽尺寸和后背宽尺寸基本相同。如果前胸宽尺寸大于后背宽尺寸3cm以上者，即可判断为不同程度的挺胸体。

三、腹部的特殊变异

人体胸部以下、趾骨以上的无肌部分属腹部，腹上部较平坦，腹下部由于脂肪较多，多呈圆形隆起状，腹终止处出现半圆形的沟。腹部也影响服装造型。

1. 腹部一般特征

男性腹部特征：腹部多较平坦，腹肌变化明显。

女性腹部特征：较圆浑，下缘半圆形沟较明显。

老年人腹部特征：较膨大，松弛下垂明显。

儿童腹部特征：浑圆突出，胸腹连成一片，腰侧曲线不明显。

2. 腹部特殊体型判别

在正常体情况下，男性胸围尺寸应比中腰围尺寸大于16～12cm，女性胸围尺寸应比中腰围尺寸大于18～14cm。如果这个差值男性小于12～7cm、女性小于13～9cm者叫微大腹体（微胖体），男性小于6～2cm、女性小于8～4cm者叫大腹体（胖体），如果中腰围与胸围相等或大于胸围时则称为特大腹体（特胖体）。

四、腰、臀的特殊变异

腰在人体脊柱中部的腰椎部分，是胸肋与髂脊的连接凹陷部位，因此在躯干中是围度最小的部位。正常情况如下：

男性腰部特征：男性腰节较低，凹陷稍缓，腰和胸、腰和臀的围度比值较大（腰较粗），曲线不明显。

女性腰部特征：女性腰节较高，凹陷较大，腰和胸、腰和臀的围度比值较小（腰较细），曲线极明显。

老年人腰部特征：腰部缓直，胸、腰、臀之间的曲线不明显。

儿童腰部特征：腰部板直，腰节不明显。

臀在人体髂脊至股骨大转子的突出部位，加上有丰满的股肌隆起，构成膨凸圆浑的臀部，与腰部和腿部构成一条明显的弧状曲线。正常体的情况如下：

男性臀部特征：因骨盆高而窄，髂脊和大转子外凸较缓，臀肌健壮，但脂肪较少，故后臀不及女性丰满隆起。

女性臀部特征：骨盆低而宽，髂脊和大转子外凸明显，臀肌发达，脂肪丰富，体表丰隆，臀部宽大向后突出，与腰部和腿部构成较大的弧状隆起。

老年人臀部特征：因腹部膨大，侧髂显平，臀部虽宽但显扁。但老年女性脂肪较多，臀部下垂、松弛。

儿童臀部特征：因骨盆发育不全，髋骨平直不明显，腹部前腆，臀部外凸较小。

臀部特殊体型的判断，主要通过臀围和腰围之间的比值来确定。根据测定计算正常体：

男性 W/H =0.81、女性 W/H =0.77。如果腰围/臀围的比值大于、小于这一数值(男 0.81、女 0.77)则成不同程度的凸臀体、平臀体。

五、下肢的特殊变异

下肢包括大腿、小腿和足。正常体情况如下：

男性下肢特征：略显长，腿肌分明，膝、踝关节凹凸明显。

女性下肢特征：小腿略短，腿肌发达，分界不明显，膝部宽大，膝、踝关节凹凸不明显。

老年人下肢特征：因关节软骨萎缩，下肢显短，关节部分骨骼呈现体表。

儿童下肢特征：相对短。1 ~2 岁时与躯干长度相等。10 岁左右下肢为躯干的 1.5 倍。

人体下肢在正常标准情况下，两腿并立时大腿、膝、小腿肚和脚跟基本上在人体中轴线上。特殊体型下肢主要表现为“外撇腿”(俗称“X”形腿)。特征是两腿并立后，大腿靠拢，膝以下外撇并偏离中轴线。“罗圈腿”(俗称“O”形腿)两腿并立后，脚跟并拢，中部张开，呈圆弧状并偏离中轴线。

第二节　特殊体型与服装制图的关系

一、特殊体型对服装的影响

特殊体型不仅影响服装的外观，而且影响人体的正常活动。上述特殊体型如果穿上正常标准的服装，就会出现如下情况：

1. 肩部高低与服装不相适应

人体肩高(端肩)而服装的肩部相对低时，穿上上衣后，后背领窝下缘出现凸皱，领子上冲，肩峰感到裹压，抬手困难。相反，如人体的肩部过低(溜肩)，服装肩部相对高，前后肩部又会出现斜绺(斜向沟道)。

2. 挺胸体与服装不相适应

由于挺胸体胸部特别凸出，穿正常体服装后，其胸围线以上的一段比正常人的形体要长，使前襟出现上吊，腰下一段沿止口出现斜绺，上衣出现前短后长的现象。

3. 大腹体与服装不相适应

由于大腹体腹部突隆起，穿上正常体服装后，则出现下摆处裂开，中部向上吊起，中腰两侧有斜绺，后摆紧贴臀部，衣服也出现前短后长的现象。

4. 凸臀体或平臀体与服装不相适应

5. “O”形腿与“X”形腿与裤子不相适应

二、特殊体型裁剪制图

特殊体型裁剪制图，实际上就是以标准人体的裁剪制图为基础，然后根据部位的变异特征、变异程度和适体要求，进行合理的修正、调整和变化，以达到适体的最佳效果。

三、特殊体型制图所用的符号

1 - - - - - - - - - 表示正常体服装制图轮廓线

2 ———————— 表示特殊体型服装制图修正线

3 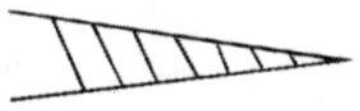 表示纸样在此部位折叠

4  表示纸样在此部位剪开

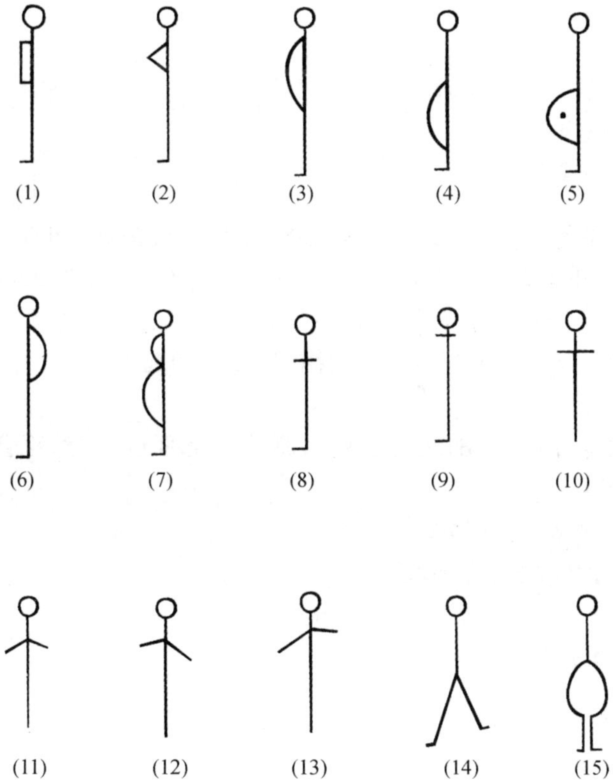

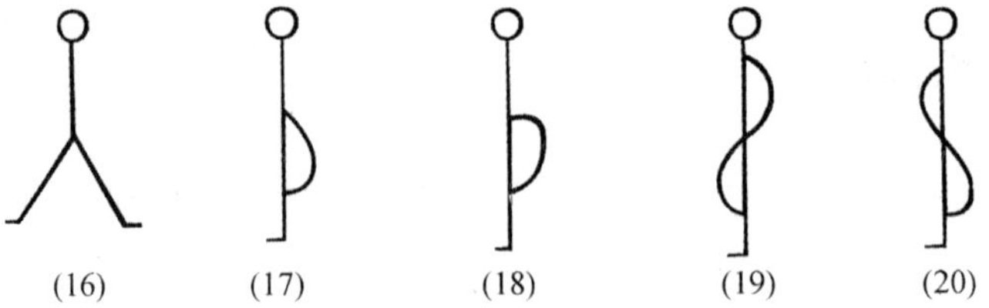

（1）瘪胸（平胸） （2）高胸 （3）挺胸 （4）肉肚（凸肚） （5）孕肚 （6）驼背 （7）肥胖 （8）细长颈 （9）粗短颈 （10）平肩（扛肩） （11）溜肩 （12）高低肩（左高右低） （13）高低肩（右高左低） （14）长短腿 （15）"O"形腿（外八字） （16）"X"形腿（内八字） （17）落臀 （18）凸臀 （19）大腹驼背 （20）挺胸大臀

图 5-3 20 种特殊体型符号标志

第三节 上衣特殊体型试样补正

一、挺胸体体型

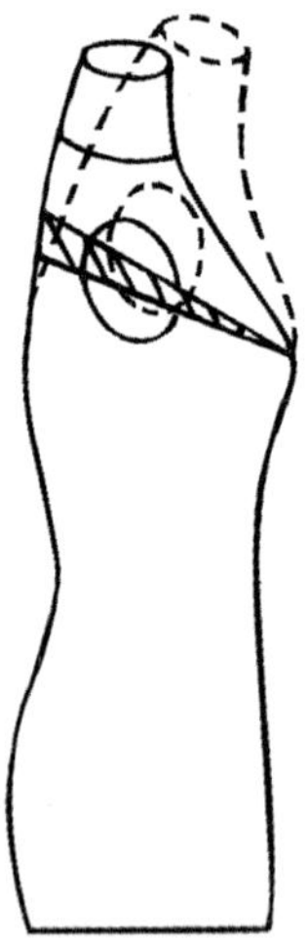

1. 特征

挺胸体体型特征是前胸发育丰满而宽，后背平坦而窄，头部后仰，两臂及肩点后移，前腰节比正常体前腰节长 1 ~ 1.5cm（轻度挺胸）或长 2cm 以上（强度挺胸）。着装后出现在上衣的弊病是前胸绷紧，搅止口，上衣前短后长，前领起空，后领触脖。前袖窿卡住并起绺，后袖山涌起等。

2. 制图调整

前片胸围线处切开，后片胸围线处折叠，，调整以下部位，达到符合挺胸体体型者的穿着要求：

（1）放大劈门，前胸放宽，背宽改窄。

（2）袖山深线处折叠，缩短后袖缝。

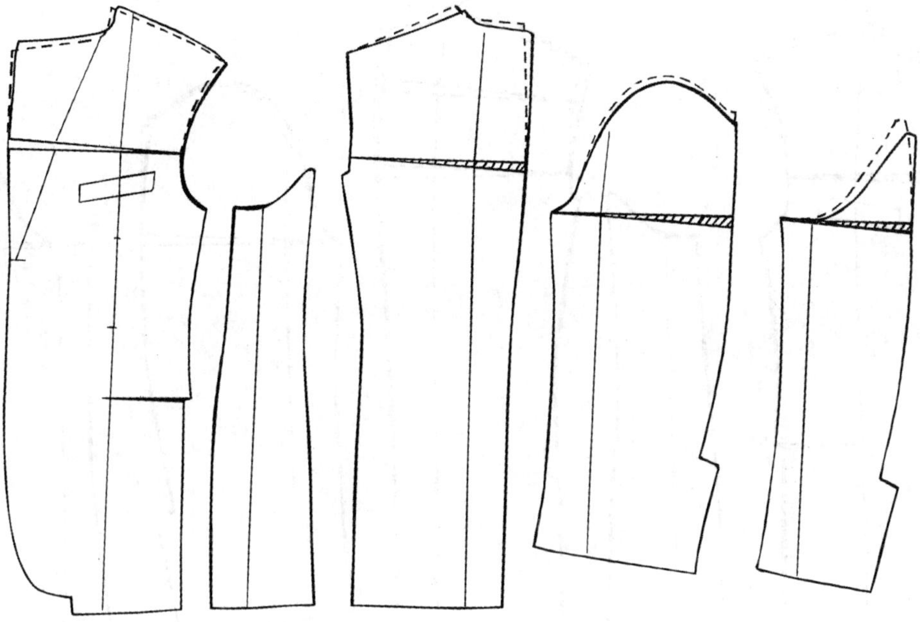

二、驼背体体型

1. 特征

驼背体体型特征是背部隆起、宽厚、前胸平瘪，颈部、背部身体中心线均向前倾。肩胛骨成弓形，两臂及肩点前移。后腰节比正常后腰节长1～1.5cm（轻度驼背）或长2cm以上（强度驼背）。着装后出现上衣前长后短，背部绷紧吊起，后领触脖，前领起空。

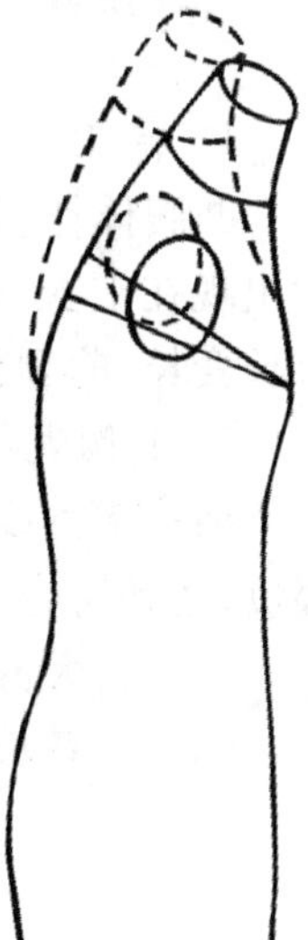

2. 制图调整

前片胸围线处折叠，后片胸围线处切开，调整以下部位，达到符合驼背体体型者的穿着要求：

（1）劈门改小。

（2）前片腰节线改短，后片则放长。

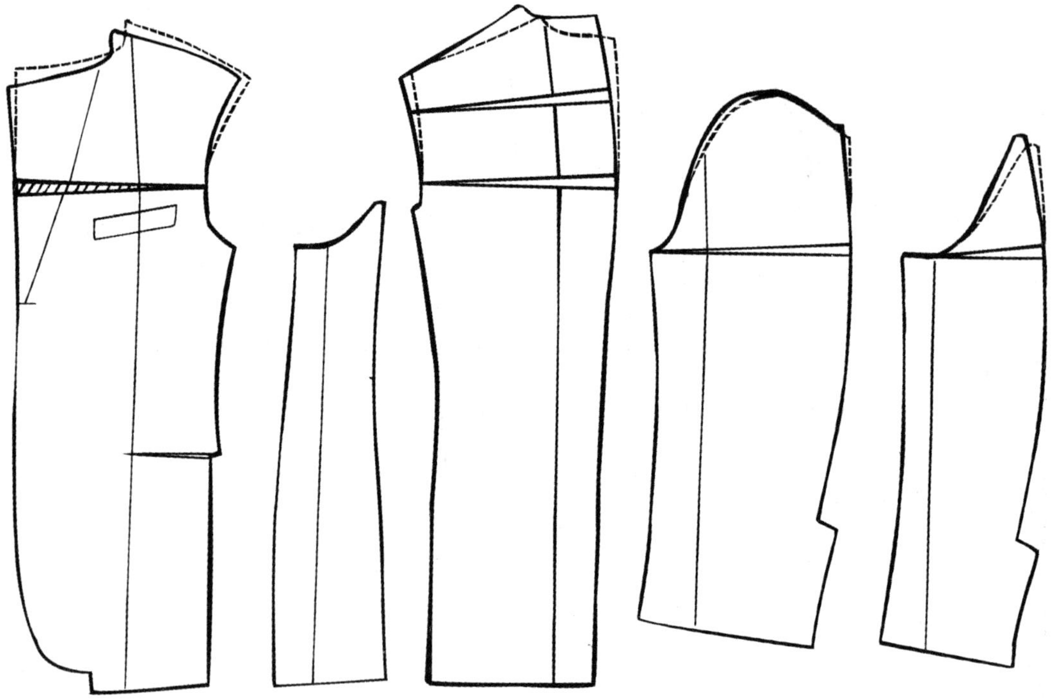

三、凸腹体

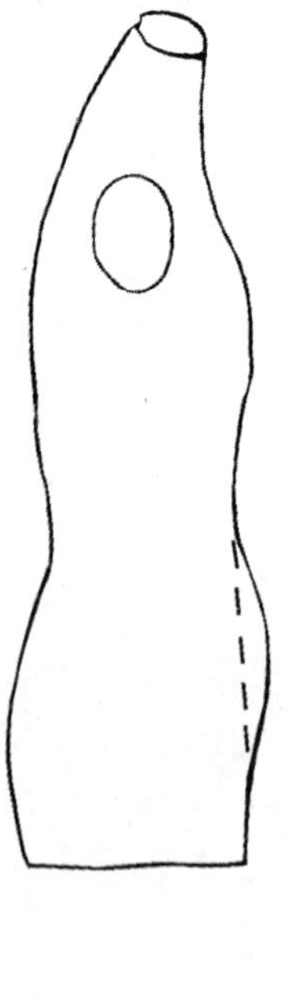

1. 特征

凸腹体体型特征是腹部圆而突出，后背平坦而窄，头部后仰，着装后出现在上衣的弊病是腹部绷紧，前胸绷紧，搅止口，前衣长变短，后衣长变长，前领起空，后领触脖。

2. 制图调整

前片胸围线处切开，腹围线处切开，后片腰围线处折叠，调整以下部位，达到符合凸腹体体型者的穿着要求：

(1) 放大劈门，前胸放宽，前腹放宽。

(2) 后背长改短。

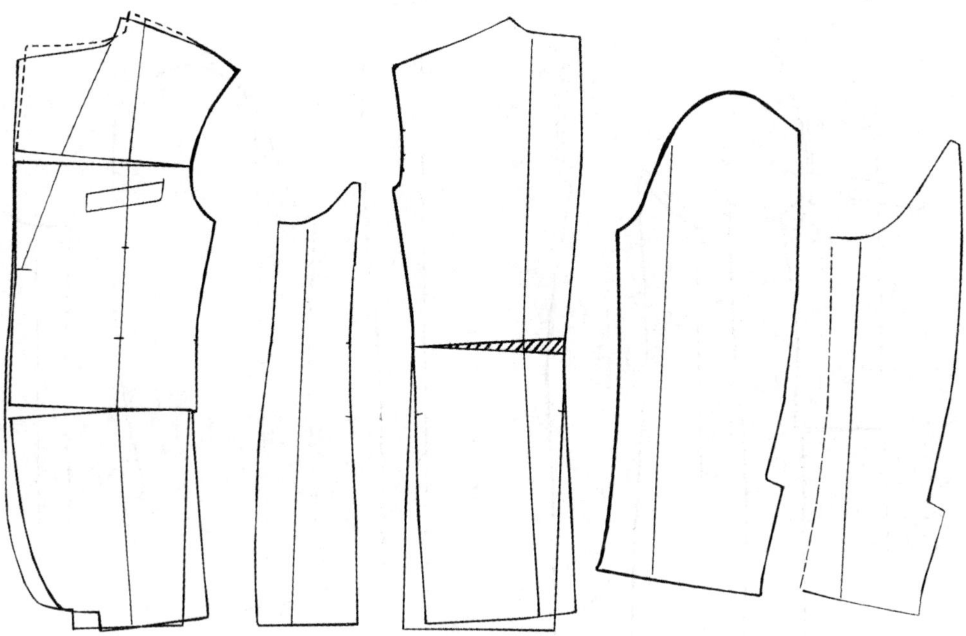

四、溜肩体

1. 特征

肩斜角度超过正常体型的角度（肩斜角度大于22°），从背面观察呈“八”字形状。着装后在上衣上会出现两肩部位起斜绺，衣领显紧，出现搅止口等现象。

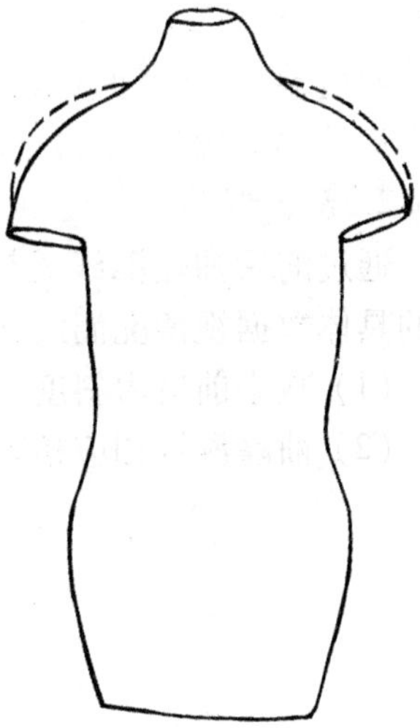

2. 制图调整

通过前后袖窿深线处折叠，在正常体体型制图上调整，调整的具体数据视情况而定：

（1）增大前后肩斜度。

（2）袖窿深线相应放低。

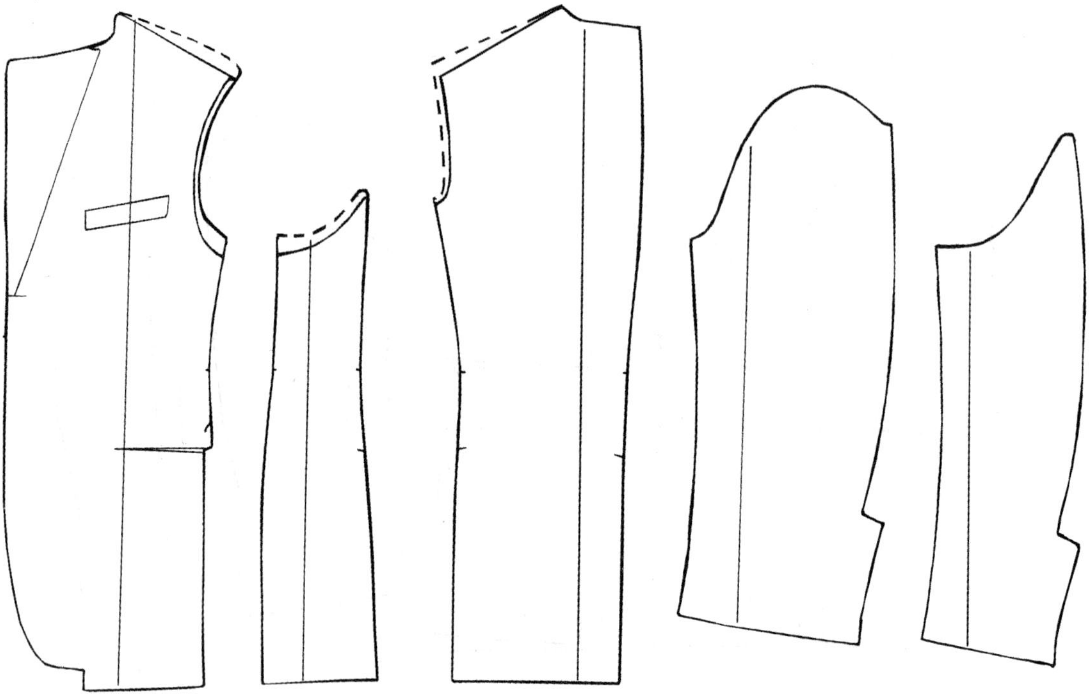

五、平肩体

1．特征

两肩端平，从背面观察呈"T"字形状。着装后在上衣上会出现肩端部位拉紧，领口处起涌，止口豁开等现象。

2．制图调整

通过前后袖窿深线处切开，在正常体体型制图上调整，调整的具体数据视情况而定：

（1）减小前后肩斜度。

（2）袖窿深线相应抬高。

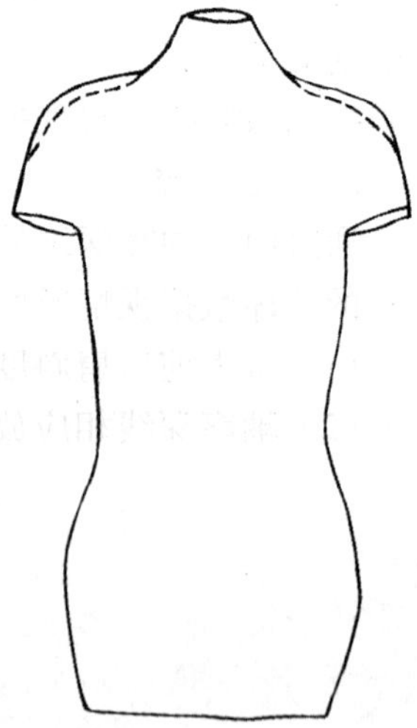

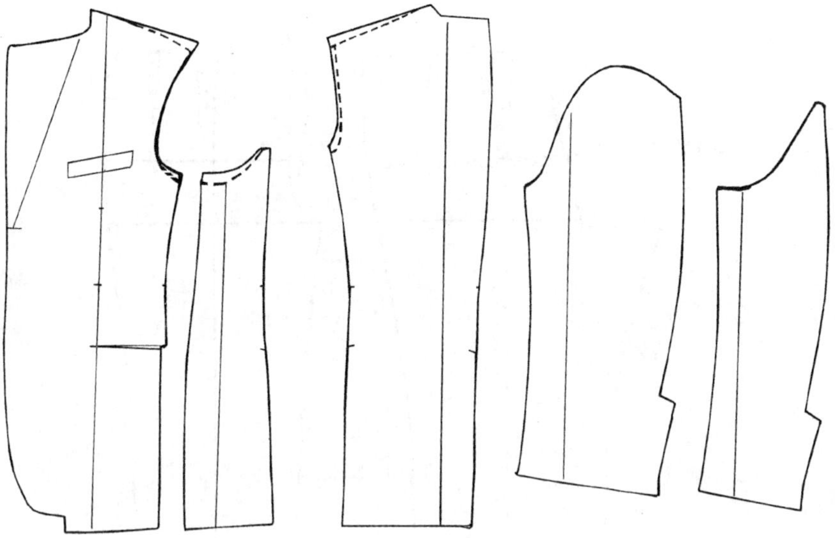

第四节 裤子特殊体型裁剪制图调整

一、凸肚体

1. 特征

腹部突出，臀部不明显突出，腰部的中心轴向后倒，穿上正常体型的西裤，会使腹部绷紧，腰口线下坠，侧缝袋绷紧。

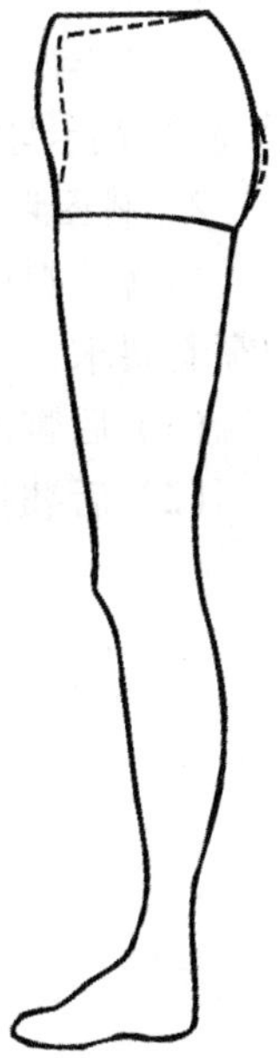

2. 制图调整

将裤片基图前裤片臀围线切开，后裤片臀围线折叠，调整以下部位，达到符合凸肚体型者的穿着要求：

（1）加长前裆缝，增加上裆斜度。

（2）后裤片减短后裆缝。

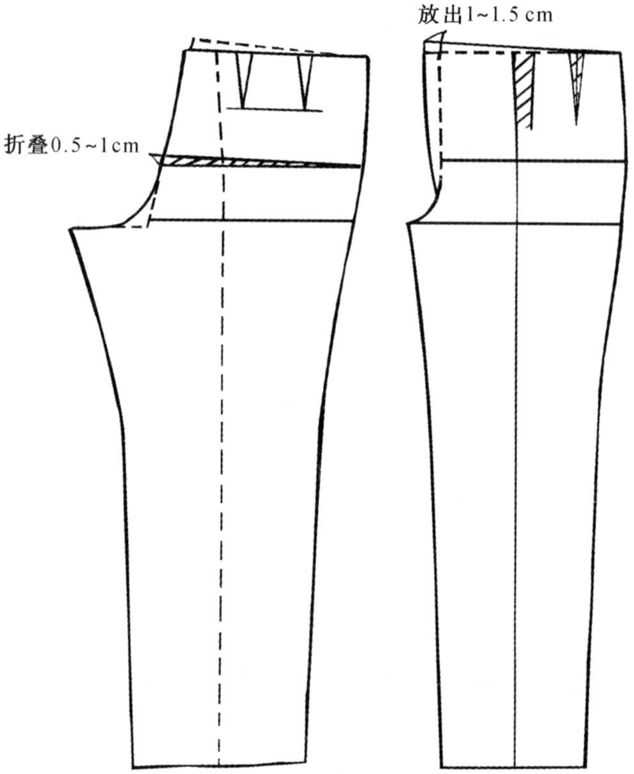

二、凸臀体

1. 特征

臀部丰满突出，腰部中心轴倾斜，穿上正常体型的西裤，会使臀部绷紧，后裆宽卡紧。

2. 制图调整

后裤片臀围线切开并放大臀围，调整以下部位，达到符合凸臀体型者的穿着要求：

（1）后臀围放大，后缝斜度增加，后缝弧线放长。

（2）后翘抬高。

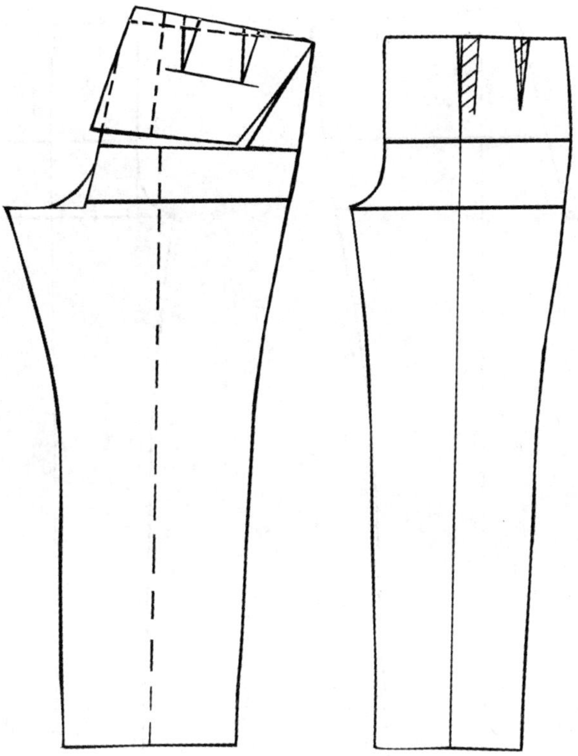

三、落臀体

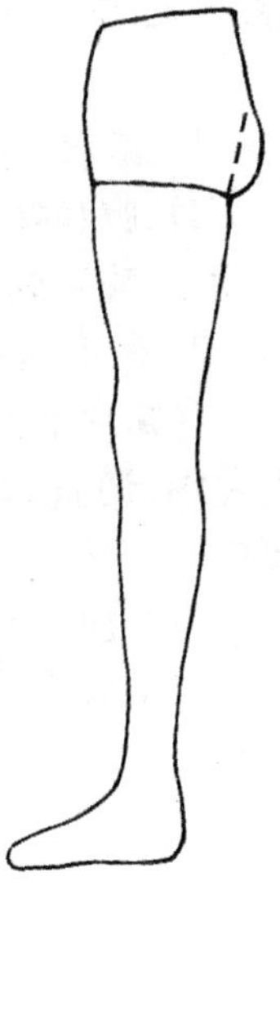

1. 特征

臀部下坠,腰部的中心轴向后倒,穿上正常体型的西裤,会使臀部绷紧下拉。

2. 制图调整

后裤片落裆线下移,调整以下部位,达到符合落臀体型者的穿着要求:

(1) 后裤片落裆线向下移。

(2) 加大后裆宽。

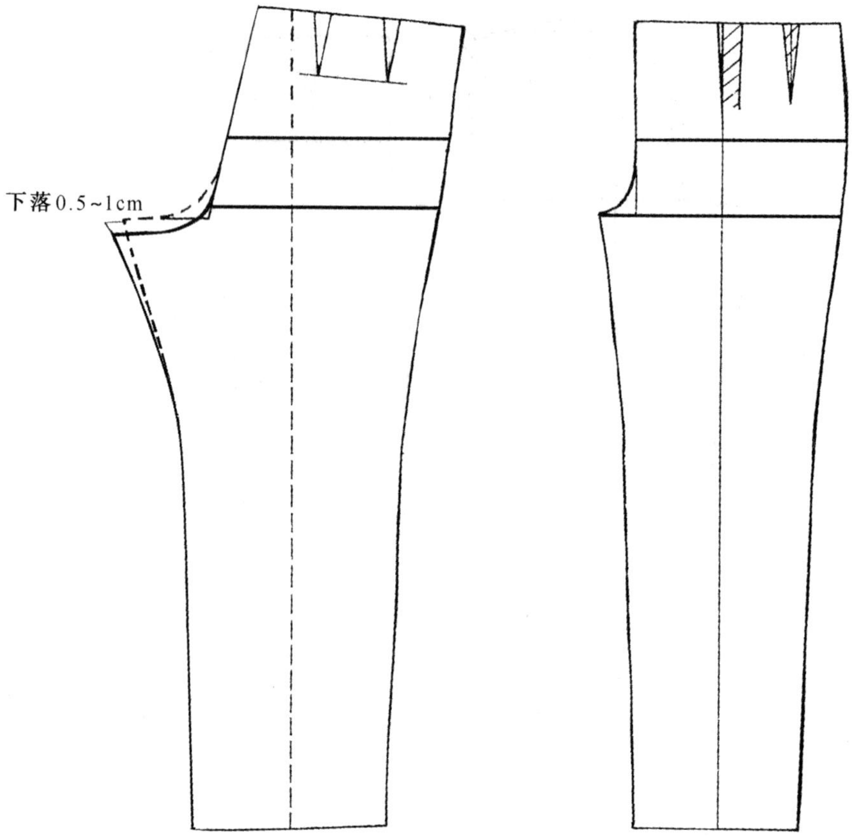

四、凸腹凸臀体

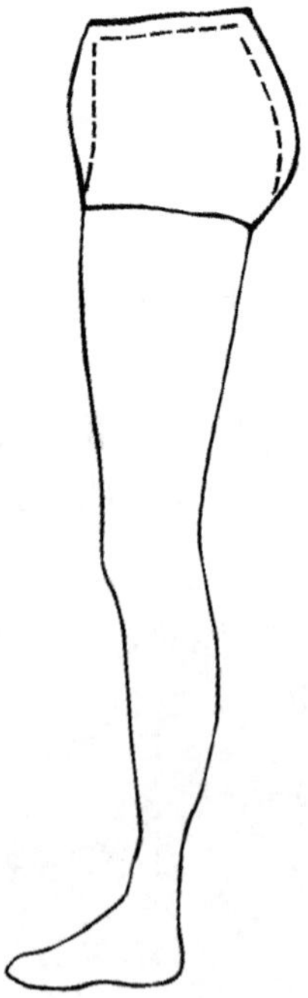

1. 特征

臀、腹和腰下部丰满、突出，穿上正常体型的西裤，会使腹部绷紧，臀部绷紧。

2. 制图调整

将裤片基图前裤片臀围线切开，后裤片臀围线切开并放大臀围，调整以下部位，达到符合凸腹凸臀体型者的穿着要求：

(1) 加长前裆缝，增加上裆斜度。

(2) 后臀围放大，后缝斜度增加，后缝弧线放长，后翘抬高。

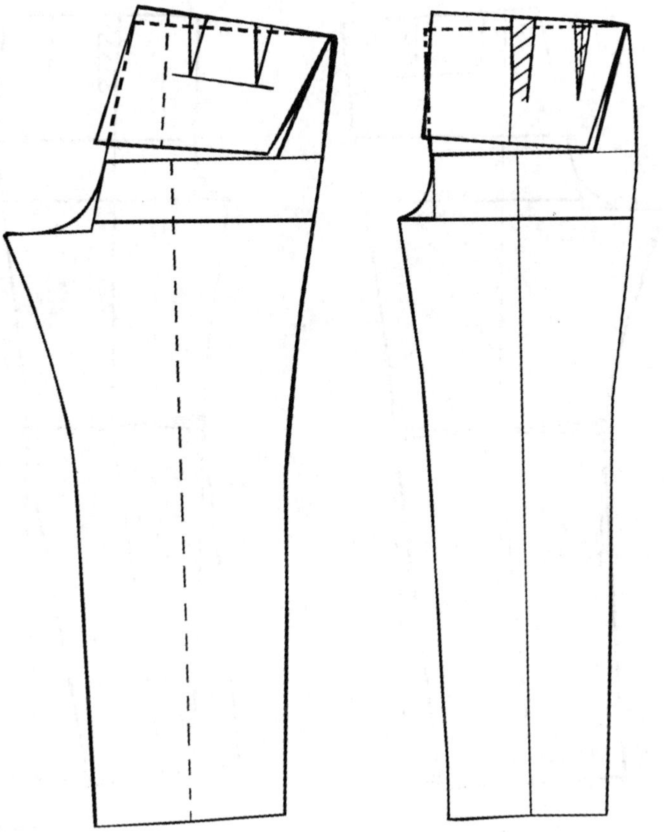

五、"O"形腿

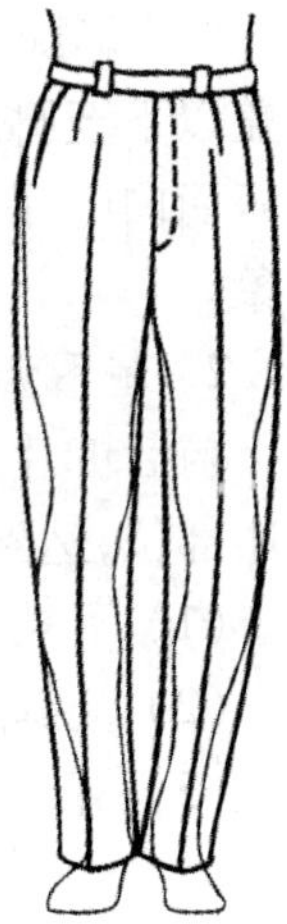

1. 特征

"O"形腿又称罗圈腿，其臀下弧线至脚后跟呈现两膝盖向外弯，两脚向内偏，下裆内侧呈椭圆形，穿上正常体型的西裤，会形成侧缝线显短而使侧缝向上吊起，下裆缝显长而使其起皱，并出现裤子烫迹线向外侧偏等现象。

2. 制图调整

前后裤片在侧缝中裆处切开，向下裆缝一侧脚口线方向移动，调整以下所述部位，达到符合"O"形腿的穿着要求：

（1）侧缝线适当延长，并向内移。

（2）下裆缝适当缩短，并向内移。

（3）裤子烫迹线自然偏向下裆方向。

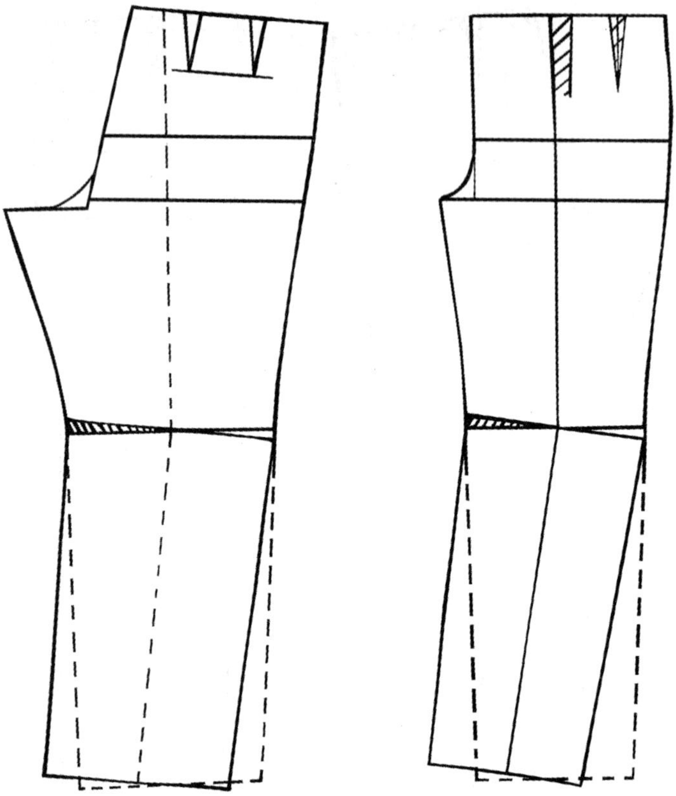

六、"X"形腿

1. 特征

"X"形腿又称八字腿,其臀下弧线至两膝盖向内并齐,两脚平行外偏,膝盖以下至脚后跟向外撇呈"八"字形,穿上正常体型的西裤,会使下裆缝因显短而向上吊起,侧缝线则因显长而起皱,出现裤子烫迹线向内侧偏等现象。

2. 制图调整

前后裤片在下裆缝中裆处切开,向侧缝一侧脚口线方向移动,调整以下所述部位,达到符合"X"形腿的穿着要求:

(1) 下裆缝线适当延长,并向外移。

(2) 侧缝适当缩短并向外移。

(3) 裤子烫迹线自然偏向侧缝方向。

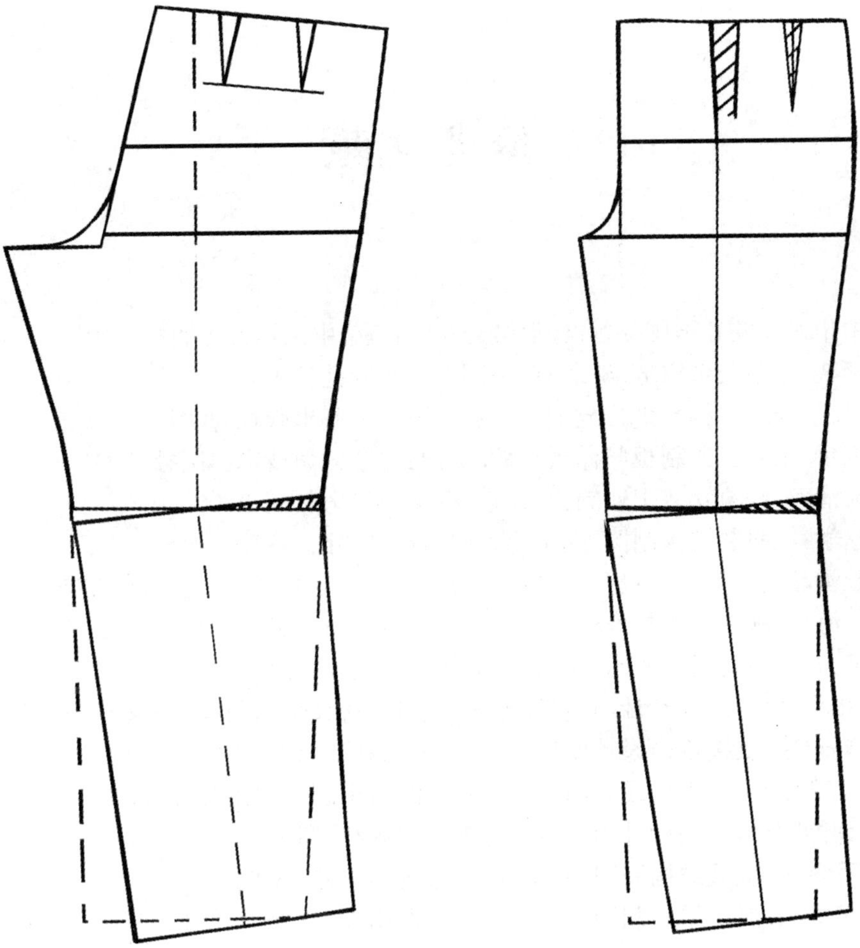

特殊体型的板型设计，首先应当考虑到由于各种特殊体型的凹凸程度不同，不能用固定的尺寸来表示，所以对不同体型的特殊程度还需要作具体分析，按测体的不同情况灵活掌握；其次要考虑特殊体型有的是单一的，有的是复合的，如挺胸体、驼背体就是单一的，凸腹凸臀体就是复合的，要根据测体的实际情况，全面掌握，综合处理。

特殊体型的板型通常是在正常体型制图的基础上进行调整的，但调整过程中剪叠处不能过量，以免引起不良效果。一般拉开、折叠每处的量在0.5～1.5cm为佳。只有正确合理地分配，才能使服装做得与体型相称，着装后显得美观大方。

参考文献

[1] 中华人民共和国国家标准. 服装号型 . 北京:中国标准出版社,1998.
[2] 李晓久. 服装纸样放缩. 北京:中国纺织出版社,2006.
[3] 吴宇. 服装结构与纸样放缩. 北京:中国轻工业出版社,2001.
[4] 王翀. 服装工业制板与样板扩缩. 沈阳:辽宁科学技术出版社,2004.
[5] 吴清萍. 经典女装工业制板. 北京:中国纺织出版社,2006.
[6] 赵学舜. 服装结构制图. 北京:高等教育出版社,1987.
[7] 魏雪晶. 服装结构原理与制板推板技术. 北京:中国纺织出版社,2005.
[8] 王海亮. 服装制图与推板技术. 北京:中国纺织出版社,1999.
[9] 李秀英. 服装纸样放码. 北京:中国纺织出版社,2005.
[10] 张华. 服装结构设计与制板. 上海:上海交通大学出版社,2004.
[11] 刘瑞璞. 女装纸样设计原理与技巧. 北京:中国纺织出版社,2000.
[12] 刘瑞璞. 男装纸样设计原理与技巧. 北京:中国纺织出版社,1999.
[13] 魏静. 服装结构设计. 北京:高等教育出版社,2000.
[14] 乔琴生. 服装结构制图. 北京:高等教育出版社,1995.
[15] 彭立云. 服装结构制图与工艺. 南京:东南大学出版社,2005.
[16] [日]文化服装学院. 女衬衫连衣裙. 上海:东华大学出版社,2004.
[17] 蒋锡根. 服装疑难问题解答150问. 上海:上海科学技术出版社,1996.
[18] 包昌法. 服装量裁烫技艺图解手册. 北京:中国纺织出版社,1997.